Aクラスブックス

場合の数と確率

筑波大学附属駒場中・高校元教諭
深瀬 幹雄 著

昇龍堂出版

●●●●●●●●●●●●●● まえがき ●●●●●●●●●●●●●●

　この本は，中学校と高等学校で学習する「確率」の単元で扱われる，順列，組合せ，確率について，基礎的な考え方の習得から始めて，最終的には，大学入試に対応できるようになるまでの内容になっています。

　私たちの生活の中で，「確率」という言葉は日常的によく使われており，さいころを使うゲームやトランプ遊びなどを通して，起こり得る場合の数や確率に日頃から親しんでいます。したがって，学校の授業においても，順列，組合せ，確率の習いはじめの段階では，多くの生徒が興味と関心をもって取り組むようです。

　ところが，順列，組合せ，確率についての問題は，解いてはみたものの，自分が出した答に自信が持てないと感じることが多く，さらに学習を進めていくにつれて，条件の異なった順列・組合せを扱うことになり，問題ごとの解法に合った公式を使うことに難しさも感じるようです。

　これは，いざ問題を解こうとしたときに，その問題の条件に合うものを，もれがなく，重複もないように場合分けをして計算しなければならないことや，使用する公式がつくられていく上での考え方や過程をきちんと理解していないことに，その原因があるようです。

　この本では，問題を解くために使用する公式について，その公式を導き出す上での考え方や過程をていねいに説明してあります。この説明を十分に理解して，その後に続く例題の解法をしっかりと学習し，演習問題を解いていくことにより，確かな学力が身につき，自分の解答に自信が持てるようになります。

　現在，科学技術が急速に進歩し，さまざまな分野でデータ化が進行しています。そして，得られた大量のデータを統計的に処理して，その中から重要な情報を得て活用するということが行われています。このような大量のデータから価値ある情報を引き出す統計的な処理において，確率の知識は欠かすことができません。

　その意味においても，この高度情報化社会の中で，これからの活躍が期待される皆さんにとって，「確率」は必ず学習すべきことの1つになっています。

　この本を学習することにより，確率についての理解と自信を深め，皆さんが希望の実現に向けて大きく歩み出して行くことを願っております。

著　者

●●●●●●●●●● 本書の使い方と特徴 ●●●●●●●●●●

この本を使用するときは，以下に述べる特徴をふまえて学習してください。

1．定義をしっかり理解しましょう。

　確率を学習するにあたり，使われる用語・記号の意味や演算の内容についての理解ができていなければ，その後の学習が困難なものになります。

　この本に出てくる用語・記号や演算についての定義をよく読み，あげられた例や使い方，例題の解法などの説明を通して，定義の内容や意味をしっかり理解してください。

2．公式が導き出されるまでの考え方や過程をしっかり理解しましょう。

　問題を解くにあたり，いくつかある公式の意味や使い方を理解していなければ，問題ごとに異なる条件に対して，どの公式を用いるのが適切なのかを判断することが難しくなります。

　この本に出てくる，それぞれの公式が導き出されるまでの考え方や過程についての解説をしっかり読み，例題や演習問題を解くことにより，それらの公式の意味や使い方への理解を深めてください。

3．例題をしっかり解いてみましょう。

　例題 は，その分野の典型的な問題を精選してあります。[解説] で解法の要点を説明し，[解答] で模範的な解答をていねいに示してあります。

　本当の学力を身につけるために，まずは解答を見ないで解いてみることも大切です。その後，例題における模範的な解答を検討することにより，解法についての理解をさらに深めることができます。

4．演習問題をしっかり解くことで実力をつけましょう。

　演習問題 は，例題で学習した解法を確実に身につけるための問題です。やや難しい問題もありますが，じっくり時間をかけて取り組むことにより，実力をつけることができます。

　なお，難しい問題や発展的な内容の問題には，★ がついています。

5．研究にもチャレンジしてみましょう。

研究 は，さらに深い理解を求める皆さんのために，より発展的な内容を扱っています。ぜひ，研究にある問題にも挑戦してみてください。

6．学習した章の総まとめとしての総合問題をしっかり解きましょう。

総合問題 は，章の内容をふまえた総まとめの問題です。その章の学習内容をしっかり理解できたかどうかの確認や，復習として役立ててください。

7．…解答編… 別冊の解答編を上手に利用しましょう。

解答編 は，別冊にしました。

演習問題・総合問題の解答は，まず [答] を示し，続いて [解説] として，考え方や略解が示してあります。問題の解き方がわからないときや，答えの数値が合わないときは，解説を参考にして，もう1度解いてみてください。

なお，難しい問題や発展的な内容の問題の解答については，解説や解法が，よりていねいに示してあります。

8．別解を通して解法への理解をさらに深めましょう。

[別解] は，解答とは異なる解き方です。さまざまな解き方を知ることで，解法への理解が深まり，より柔軟な考え方を養うことができます。

目次

1章　集合 ……………………………………………1
1　集合の定義と表し方 ………………………………1
　1　集合の定義 ……………………………………1
　2　集合の表し方 …………………………………2
　　● 集合の要素を書き並べる方法
　　● 集合の要素が満たす条件を文章や式を使って表す方法
　　● ベン図（集合の図表示）
2　2つの集合の関係 ……………………………………5
3　補集合 ………………………………………………6
4　集合の結び，交わり（和集合，共通部分） ………7
5　有限集合の要素の個数 ……………………………10
　　● ド・モルガンの法則とその利用
総合問題 …………………………………………………13

2章　場合の数 ……………………………………15
1　場合の数 ……………………………………………15
　1　樹形図 …………………………………………15
　2　和の法則 ………………………………………17
　3　積の法則 ………………………………………19
2　順列 …………………………………………………22
　1　順列 ……………………………………………22
　2　円順列 …………………………………………26
　3　重複順列 ………………………………………28
　4　同じものを含む順列 …………………………30

3	**組合せ**	·· 33
	1 組合せ ·· 33
	● 組分け
	● 組合せと順列
	2 重複組合せ ·· 39
4	**二項定理** ·· 42
	● 二項定理
	● パスカルの三角形
	● 二項定理から得られる等式
	● 研究　$(a+b+c)^n$ の展開

　総合問題 ·· 48

3章　確率 ·· 50

1　事象と確率 ·· 50
　1　試行と事象 ·· 50
　2　事象の確率 ·· 50

2　確率の性質 ·· 55
　1　いろいろな事象 ·· 55
　　● 和事象
　　● 積事象
　　● 余事象
　2　確率の基本性質 ·· 56

3　独立な試行の確率 ……………………………………… 60
1　試行の独立 ……………………………………………… 60
2　独立な試行の確率 ……………………………………… 61
- 2つの独立な試行
- 3つ以上の独立な試行

4　反復試行の確率 ……………………………………… 64

5　条件つき確率 ………………………………………… 69
1　条件つき確率と乗法定理 ……………………………… 69
2　事後の確率 ……………………………………………… 72

6　期待値 ………………………………………………… 74
1　確率変数と確率分布 …………………………………… 74
2　確率変数の期待値 ……………………………………… 76
3　確率変数 $aX+b$ の期待値 …………………………… 78
4　確率変数の和の期待値 ………………………………… 79
5　期待値の利用 …………………………………………… 81

総合問題 ………………………………………………… 82

[コラム]　無限集合を比べる ……………………………… 14
　　　　　完全順列 …………………………………………… 32
　　　　　誕生日が同じ確率 ………………………………… 68
　　　　　モンティ・ホールの問題 ………………………… 73

索引 ……………………………………………………… 86

別冊　解答編

1章 集合

1 集合の定義と表し方

1 集合の定義

ものの集まりを**集合**という。数学でいう集合は，単なるものの集まりではなく，個々のものが，その集まりの中に入るのか入らないのか，はっきり区別することができるものの集まりである。

たとえば，「12 の正の約数の集まり」では，12 の正の約数になるのは 1，2，3，4，6，12 とはっきりしているから，「12 の正の約数の集まり」は集合である。

また，「大きな数の集まり」では，大きい数という表現があいまいで，たとえば 15000 が，この集まりの中に入るのか入らないのかがはっきりしないので，「大きな数の集まり」は，数学では集合とはいわない。

例題1　集合の定義

次のものの集まりで，集合となるものはどれか。
(1) 正の偶数の集まり
(2) 小さい数の集まり
(3) 三角形の集まり
(4) 100 に近い数の集まり

[解説]　(1) 正の整数で 2 の倍数であるかどうか，はっきり区別することができるから集合である。
(2) たとえば，3 が小さい数かどうか，はっきりしないから集合ではない。
(3) 図形が三角形かどうか，はっきり区別することができるから集合である。
(4) たとえば，86 が 100 に近い数であるかどうか，はっきりしないから集合ではない。

[解答]　(1)，(3)

問1　次のものの集まりで，集合となるものはどれか。
(1) 直角三角形の集まり
(2) 背の高い人の集まり
(3) 美味しいお菓子の集まり
(4) 素数の集まり

集合を考えるとき，集合に含まれる 1 つ 1 つのものを，**集合の要素**または**元**という。たとえば，1 から 5 までの整数の集合の要素は，1，2，3，4，5 である。

集合に含まれる要素の個数が有限のとき，その集合を**有限集合**という。たとえば，10 の正の約数の集合の要素は，1，2，5，10 の 4 個であるから，10 の正の約数の集合は有限集合である。

また，集合に含まれる要素の個数が無限にあるとき，その集合を**無限集合**という。たとえば，自然数の集合では，自然数は 1，2，3，4，… と無限にあるから，自然数の集合は無限集合である。

参考 約数について

2 つの整数 a，b について，ある整数 p を用いて $a=bp$ と表されるとき，b は a の約数である。とくに範囲について指定がない限り，約数は整数の範囲で考える。

たとえば，6 の約数の集合の要素は，-6，-3，-2，-1，1，2，3，6 の 8 個である。

2 集合の表し方

集合を表すのに，ふつう A，B，C，… などのアルファベットの大文字を使って表す。また，集合の要素は a，b，c，… などの小文字で表す。

a が集合 A の要素であるとき，a は集合 A に**属する**といい，記号 $\in$，$\ni$ を使って

$$a \in A \quad \text{または，} \quad A \ni a$$

と表す。

また，b が集合 A の要素でないとき，b は集合 A に**属さない**といい，

$$b \notin A \quad \text{または，} \quad A \not\ni b$$

と表す。

例 A を 10 以下の自然数の集合とすると，

$2 \in A$，　　$16 \notin A$

問 2 次の □ にあてはまる記号 $\in$ または $\notin$ を入れよ。

(1) A を 20 の約数の集合とすると，$-5 \square A$，$6 \square A$

(2) B を自然数の集合とすると，$-2 \square B$，$0 \square B$

(3) C を素数の集合とすると，$1 \square C$，$11 \square C$

集合がどのような要素からできているかは，次のどちらかの方法を用いて表すことができる。

● 集合の要素を書き並べる方法

たとえば，1 から 7 までの整数の集合を A とすると，
$$A = \{1, \ 2, \ 3, \ 4, \ 5, \ 6, \ 7\}$$
1 以上 100 以下の整数の集合を B とすると，
$$B = \{1, \ 2, \ 3, \ 4, \ \cdots, \ 100\}$$
正の偶数の集合（無限集合）を C とすると，
$$C = \{2, \ 4, \ 6, \ 8, \ 10, \ \cdots\}$$
のように表す。

なお，集合の要素を全部書くことができないとき，または，要素を全部書くことが大変なときは，その集合にはどのような要素が含まれているかが推測できるところまで要素を書き並べ，その後 $\cdots$ を用いて省略する。

● 集合の要素が満たす条件を文章や式を使って表す方法

たとえば，1 から 7 までの整数の集合を A とすると，
$$A = \{x | x \text{ は 1 から 7 までの整数}\} \quad \text{または，} \quad A = \{x | 1 \leqq x \leqq 7, \ x \text{ は整数}\}$$
1 以上 100 以下の整数の集合を B とすると，
$$B = \{x | x \text{ は 1 以上 100 以下の整数}\} \quad \text{または，} \quad B = \{x | 1 \leqq x \leqq 100, \ x \text{ は整数}\}$$
正の偶数の集合（無限集合）を C とすると，
$$C = \{x | x \text{ は正の偶数}\} \quad \text{または，} \quad C = \{x | x = 2k, \ k \text{ は正の整数}\}$$
のように表す。

なお，ここでの x は，集合の要素を代表する文字であり，要素を代表する文字は，どのような文字を使ってもかまわない。

このように，要素が満たす条件を使って集合を表すと，
$$\text{集合} = \{(\text{要素を代表する文字}) | (\text{その文字が満たす条件})\}$$
の形になる。

また，集合を図を使って表すこともできる。

● ベン図（集合の図表示）

集合を円のような閉じた曲線で表し，その内部に集合のすべての要素があることを表す。集合をこのように表した図を**ベン図**という。

たとえば，12の正の約数の集合 A を右の図のようにベン図で表したとき，集合 A の要素 1, 2, 3, 4, 6, 12 は円の内部にあり，この円の内部には，集合 A の要素以外のものはない。

例題2　集合の表し方

次の集合を，それぞれ①要素を書き並べる方法，②要素が満たす条件を書く方法で表せ。
(1) 正の奇数の集合 A
(2) 1以上100以下の3の倍数の集合 B

解答　(1) ① $A = \{1, 3, 5, 7, \cdots\}$
　　　　② $A = \{x \mid x \text{ は正の奇数}\}$ または $A = \{x \mid x = 2k+1,\ k \text{ は0以上の整数}\}$
　　(2) ① $B = \{3, 6, 9, \cdots, 99\}$
　　　　② $B = \{x \mid x \text{ は1以上100以下の3の倍数}\}$ または
　　　　　$B = \{x \mid 1 \leq x \leq 100,\ x \text{ は3の倍数}\}$ または
　　　　　$B = \{x \mid x = 3k,\ k \text{ は33以下の自然数}\}$

問3　次の集合を，要素を書き並べる方法で表せ。
(1) $A = \{x \mid x \text{ は18の正の約数}\}$
(2) $B = \{a \mid a \text{ は20以下の素数}\}$
(3) $C = \{y \mid y \text{ は5の正の倍数}\}$

問4　次の集合を，要素が満たす条件を書く方法で表せ。
(1) $A = \{1, 3, 5, 7, 9\}$
(2) $B = \{1, 3, 5, 15\}$
(3) $C = \{4, 8, 12, 16, \cdots\}$
(4) $D = \{1, 4, 9, 16, 25, \cdots\}$

2　2つの集合の関係

2つの集合 A, B があり，集合 A のすべての要素が集合 B の要素になっているとき，集合 A は集合 B に**含まれる**，または，集合 B は集合 A を**含む**といい，記号 $\subset$, $\supset$ を使って

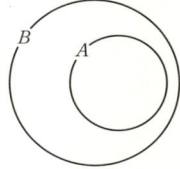

$$A \subset B \quad \text{または，} \quad B \supset A$$

と表す。

このとき，**集合 A は集合 B の部分集合**であるといい，この関係をベン図で表すと，右上のようになる。

また，集合 A, B の要素が全く同じであるとき，**集合 A と集合 B は等しい**といい，$A = B$ と表す。

例　$A = \{1, 2, 5, 10\}$, $B = \{x \mid x は 10 の正の約数\}$ のとき，
　　　$A = B$

例題3　2つの集合の関係

次の集合 A, B, C について，含む，含まれるの関係を調べよ。
(1)　$A = \{x \mid x は 24 の約数\}$, $B = \{x \mid x は 8 の約数\}$
(2)　$A = \{x \mid x は正の偶数\}$, $B = \{1, 2, 3, 4, \cdots\}$
(3)　$A = \{x \mid x はひし形\}$, $B = \{x \mid x は平行四辺形\}$, $C = \{x \mid x は正方形\}$

[解答]　(1)　$A \supset B$
　　　　(2)　$A \subset B$
　　　　(3)　$C \subset A \subset B$

問5　次の集合 A, B, C について，含む，含まれるの関係を調べよ。
(1)　$A = \{x \mid x は 36 の約数\}$, $B = \{x \mid x は 18 の約数\}$
(2)　$A = \{x \mid x は正三角形\}$, $B = \{x \mid x は鋭角三角形\}$
(3)　$A = \{x \mid x は正の奇数\}$, $B = \{1, 2, 3, 4, \cdots\}$, $C = \{x \mid x は 3 以上の素数\}$
(4)　$A = \{x \mid x は四角形\}$, $B = \{x \mid x はひし形\}$, $C = \{x \mid x は長方形\}$

要素が1つもない集合を考えて，これを**空集合**といい，記号 $\emptyset$ で表す。**空集合は，すべての集合の部分集合である**と定める。

すなわち，どのような集合 A でも，$\emptyset \subset A$ である。

3 補集合

集合を考えるとき，あらかじめ定められた集合 U の，要素や部分集合を考えていくことが多い。このとき，U を**全体集合**という。

全体集合 U の部分集合 A において，U の要素であって A の要素でないものの集合を **A の補集合**といい，$\overline{A}$ で表す。

また，これをベン図で表すと，右の図の青色部分が $\overline{A}$ である。

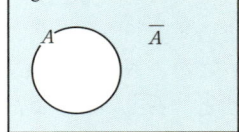

補集合について，次の性質が成り立つ。

全体集合を U とし，その部分集合を A，B とすると，

(1) $\overline{(\overline{A})} = A$
(2) $\overline{U} = \emptyset$
(3) $\overline{\emptyset} = U$
(4) $A \subset B$ のとき，$\overline{A} \supset \overline{B}$

例題4　補集合

全体集合を $U = \{x \mid 1 \leqq x \leqq 9,\ x\ は整数\}$ とするとき，次の集合の補集合を求めよ。

(1) $A = \{2,\ 3,\ 5,\ 7\}$　　(2) $B = \{x \mid x\ は 6 の約数\}$
(3) $C = \{1,\ 2,\ 3,\ 4,\ 5,\ 6,\ 7,\ 8,\ 9\}$

解説　(2) 全体集合 U が与えられている場合，その部分集合は U に属する要素だけからなると考える。したがって，6 の約数の集合 B は，$B = \{1,\ 2,\ 3,\ 6\}$ である。

解答　(1) $\overline{A} = \{1,\ 4,\ 6,\ 8,\ 9\}$
(2) $\overline{B} = \{4,\ 5,\ 7,\ 8,\ 9\}$
(3) $\overline{C} = \emptyset$

問6 U を全体集合とするとき，集合 A の補集合を求めよ。

(1) $U = \{x \mid 1 \leqq x \leqq 12,\ x\ は整数\}$，$A = \{x \mid x\ は 12 の約数\}$
(2) $U = \{x \mid 1 \leqq x \leqq 10,\ x\ は整数\}$，$A = \{x \mid x\ は 3 で割ると 1 余る数\}$
(3) $U = \{x \mid x\ は正の整数\}$，$A = \{x \mid x\ は偶数\}$

問7 U を全体集合とするとき，$\overline{A}$，$\overline{B}$ の含む，含まれるの関係を調べよ。

(1) $U = \{x \mid x\ は平行四辺形\}$，$A = \{x \mid x\ はひし形\}$，$B = \{x \mid x\ は正方形\}$
(2) $U = \{x \mid x\ は自然数\}$，$A = \{x \mid x\ は 2 以外の素数\}$，$B = \{x \mid x\ は奇数\}$

4 集合の結び，交わり（和集合，共通部分）

2つの集合 A，B があるとき，A の要素と B の要素の全部からなる集合を，集合 A と B の**結び**または**和集合**といい，$A \cup B$ で表す。
$A \cup B$ をベン図で表すと，右のようになる。

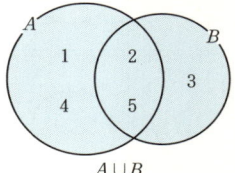

例 $A = \{1, 2, 4, 5\}$，$B = \{2, 3, 5\}$ のとき，
$A \cup B = \{1, 2, 3, 4, 5\}$

2つの集合 A，B があるとき，集合 A と B の両方に属している要素全部からなる集合を，集合 A と B の**交わり**または**共通部分**といい，$A \cap B$ で表す。
$A \cap B$ をベン図で表すと，右のようになる。

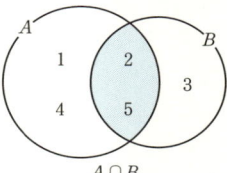

例 $A = \{1, 2, 4, 5\}$，$B = \{2, 3, 5\}$ のとき，
$A \cap B = \{2, 5\}$

例題5 集合の結び，交わり①

次の問いに答えよ。
(1) $A = \{x \mid x \text{ は 15 の正の約数}\}$，$B = \{x \mid x \text{ は 18 の正の約数}\}$ のとき，$A \cup B$，$A \cap B$ を求めよ。
(2) $A = \{0, 1, 2, 3\}$，$B = \{2, 3, 4, 5\}$，$C = \{2, 4, 6, 8\}$ のとき，$(A \cup B) \cap C$，$A \cup (B \cap C)$ を求めよ。

[解説] (2) $(A \cup B) \cap C$，$A \cup (B \cap C)$ では，かっこの中を先に求める。

[解答] (1) $A = \{1, 3, 5, 15\}$，$B = \{1, 2, 3, 6, 9, 18\}$ であるから，
$A \cup B = \{1, 2, 3, 5, 6, 9, 15, 18\}$，$A \cap B = \{1, 3\}$
(2) $A \cup B = \{0, 1, 2, 3, 4, 5\}$ であるから，$A \cup B$ と C の交わりを求めて，
$(A \cup B) \cap C = \{2, 4\}$
$B \cap C = \{2, 4\}$ であるから，A と $B \cap C$ の結びを求めて，
$A \cup (B \cap C) = \{0, 1, 2, 3, 4\}$

2つの集合 A，B の関係は，次のページのベン図のように5つの場合が考えられる。そのそれぞれの場合の A と B の結び $A \cup B$，交わり $A \cap B$ は，青色部分で示したようになる。

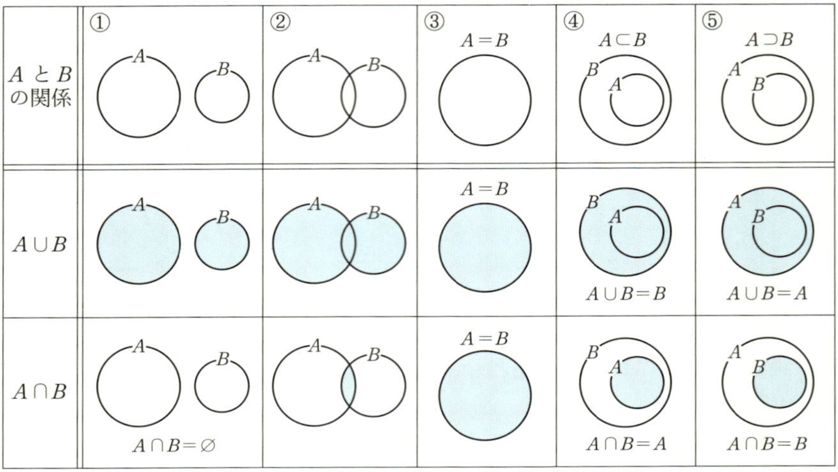

AとBの関係	①	②	③ $A=B$	④ $A \subset B$	⑤ $A \supset B$
$A \cup B$			$A=B$	$A \cup B = B$	$A \cup B = A$
$A \cap B$	$A \cap B = \emptyset$		$A=B$	$A \cap B = A$	$A \cap B = B$

例題6　集合の結び，交わり②

$A = \{x \mid x \text{ は } 2 \text{ の倍数}\}$, $B = \{x \mid x \text{ は } 3 \text{ の倍数}\}$, $C = \{x \mid x \text{ は } 5 \text{ の倍数}\}$ のとき，次の問いに答えよ。

(1) $A \cap B$ は，どのような集合を表すか。
(2) $(A \cap B) \cap C$ は，どのような集合を表すか。
(3) $(A \cap C) \cup (B \cap C)$ は，どのような集合を表すか。

解答　(1) $A \cap B$ の要素は，2 の倍数であり，3 の倍数でもあるから，6 の倍数である。
ゆえに，$A \cap B = \{x \mid x \text{ は } 6 \text{ の倍数}\}$

(2) $(A \cap B) \cap C$ の要素は，6 の倍数であり，5 の倍数でもあるから，30 の倍数である。
ゆえに，$(A \cap B) \cap C = \{x \mid x \text{ は } 30 \text{ の倍数}\}$

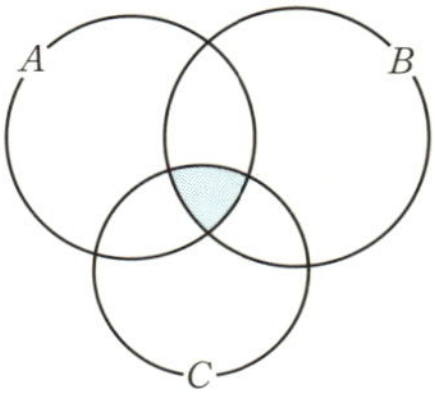

(3) $A \cap C = \{x \mid x \text{ は } 10 \text{ の倍数}\}$,
$B \cap C = \{x \mid x \text{ は } 15 \text{ の倍数}\}$ であるから，
$(A \cap C) \cup (B \cap C)$
$= \{x \mid x \text{ は } 10 \text{ の倍数，または，} 15 \text{ の倍数}\}$

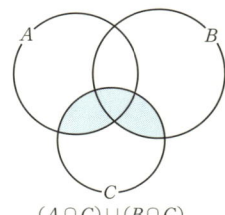

演習問題

1 全体集合を $U=\{x|1\leqq x\leqq 10,\ x は整数\}$ とし,$A=\{x|x は素数\}$,$B=\{x|x は奇数\}$ のとき,次の集合を求めよ。
(1) $A\cap B$
(2) $A\cup B$
(3) $\overline{A}\cup B$
(4) $\overline{A}\cap \overline{B}$
(5) $A\cup \overline{A}$
(6) $B\cap \overline{B}$

2 次の問いに答えよ。
(1) $A=\{p|p は 3 の倍数\}$,$B=\{p|p は 6 の倍数\}$ のとき,$A\cup B$,$A\cap B$ を求めよ。
(2) $A=\{x|-2\leqq x<3\}$,$B=\{x|-1<x\leqq 5\}$ のとき,$A\cup B$,$A\cap B$ を求めよ。

3 $A=\{a,\ 1,\ 3\}$,$B=\{1-3a,\ 2,\ a+1\}$,$A\cap B=\{2,\ b\}$ のとき,次の問いに答えよ。
(1) a,b の値を求めよ。
(2) $A\cup B$ を求めよ。

4 $A=\{2,\ 4,\ 6,\ 8,\ 10,\ 12,\ 14\}$,$B=\{3,\ 6,\ 9,\ 12,\ 15\}$,$C=\{4,\ 5,\ 8,\ 10,\ 12,\ 15\}$ のとき,次の集合を求めよ。
(1) $(A\cap B)\cap C$
(2) $(A\cup B)\cap C$
(3) $A\cap(B\cup C)$

5 全体集合を $U=\{x|x は 60 の正の約数\}$ とし,$A=\{x|x は 2 の倍数\}$,$B=\{x|x は 3 の倍数\}$,$C=\{x|x は 5 の倍数\}$ のとき,次の集合を求めよ。
(1) $\overline{(A\cap B)}\cup C$
(2) $A\cup\overline{(B\cup C)}$

6 $A=\{1,\ 2,\ 3,\ 4\}$,$B=\{2,\ 4,\ 6\}$,$C=\{1,\ 3,\ 5\}$ のとき,次の集合を A,B,C のうちの 2 つだけを使って表せ。
(1) $\{1,\ 2,\ 3,\ 4,\ 5\}$
(2) $\{2,\ 4\}$
(3) $\{1,\ 3\}$
(4) $\{1,\ 2,\ 3,\ 4,\ 5,\ 6\}$
(5) $\varnothing$

5 有限集合の要素の個数

集合 A が有限集合のとき，A に含まれる要素の個数を $n(A)$ で表す。

例 $A = \{2, 4, 6, 8, 10\}$ のとき，
$n(A) = 5$

2つの集合 A, B が有限集合のとき，
$$n(A \cup B) = n(A) + n(B) - n(A \cap B)$$
である。

とくに，$A \cap B = \varnothing$ のとき $n(\varnothing) = 0$ より，
$$n(A \cup B) = n(A) + n(B)$$
である。

例 $A = \{1, 2, 3, 4\}$, $B = \{3, 4, 5, 6, 7\}$ のとき，
$A \cap B = \{3, 4\}$ であるから，$n(A) = 4$, $n(B) = 5$, $n(A \cap B) = 2$
よって，$n(A \cup B) = n(A) + n(B) - n(A \cap B) = 4 + 5 - 2 = 7$

また，全体集合 U が有限集合で，A を部分集合とするとき，
$A \cup \overline{A} = U$, $A \cap \overline{A} = \varnothing$ であるから，$n(U) = n(A \cup \overline{A}) = n(A) + n(\overline{A})$
したがって，$n(\overline{A}) = n(U) - n(A)$ である。

例題7 要素の個数①

全体集合を $U = \{x \mid x\text{ は }1\text{ から }30\text{ までの整数}\}$ とし，
$A = \{x \mid x\text{ は }3\text{ の倍数}\}$, $B = \{x \mid x\text{ は }4\text{ の倍数}\}$ のとき，次の問いに答えよ。

(1) $n(\overline{A})$ を求めよ。

(2) $n(A \cup B)$ を求めよ。

(3) $n(A \cap \overline{B})$ を求めよ。

解答 (1) $30 \div 3 = 10$ より，$n(A) = 10$
ゆえに，$n(\overline{A}) = n(U) - n(A) = 30 - 10 = 20$

(2) $30 \div 4 = 7$ 余り 2 より，$n(B) = 7$
$A \cap B = \{x \mid x\text{ は }12\text{ の倍数}\}$ であるから，
$30 \div 12 = 2$ 余り 6 より，$n(A \cap B) = 2$
ゆえに，$n(A \cup B) = n(A) + n(B) - n(A \cap B) = 10 + 7 - 2 = 15$

(3) $A = (A \cap B) \cup (A \cap \overline{B})$, $(A \cap B) \cap (A \cap \overline{B}) = \varnothing$ であるから，
$n(A) = n(A \cap B) + n(A \cap \overline{B})$ より，$10 = 2 + n(A \cap \overline{B})$
ゆえに，$n(A \cap \overline{B}) = 8$

演習問題

7 全体集合を U とし，その部分集合を A, B とする。$n(U)=25$, $n(A \cup B)=10$, $n(A)=8$, $n(B)=7$ のとき，次の値を求めよ。
(1) $n(\overline{A})$ (2) $n(A \cap B)$ (3) $n(A \cap \overline{B})$

8 $A=\{x | x \text{ は } 1 \text{ から } 100 \text{ までの } 4 \text{ の倍数}\}$,
$B=\{x | x \text{ は } 1 \text{ から } 100 \text{ までの } 6 \text{ の倍数}\}$ のとき，$n(A \cap B)$, $n(A \cup B)$ を求めよ。

9 1 から 1000 までの整数のうち，3 と 5 の少なくとも一方で割り切れるものの個数を求めよ。

10 生徒 114 人を対象に家庭学習の調査をしたところ，数学の家庭学習をしてきた生徒は 86 人，国語の家庭学習をしてきた生徒は 67 人いた。
このとき，数学と国語の両方の家庭学習をしてきた生徒の，人数のとり得る範囲を求めよ。

● ド・モルガンの法則とその利用

2 つの集合 A, B があるとき，$A \cup B$ と $A \cap B$ の補集合について考える。

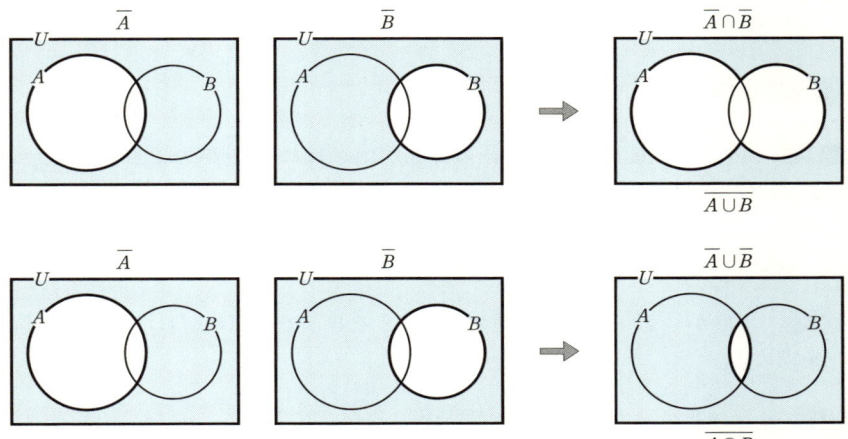

上の図より，2 つの集合について，次のページの**ド・モルガンの法則**が成り立つ。

●ド・モルガンの法則

$$\overline{A \cup B} = \overline{A} \cap \overline{B}, \qquad \overline{A \cap B} = \overline{A} \cup \overline{B}$$

全体集合を U とすると，ド・モルガンの法則より，
$$n(\overline{A} \cup \overline{B}) = n(\overline{A \cap B}) = n(U) - n(A \cap B)$$
$$n(\overline{A} \cap \overline{B}) = n(\overline{A \cup B}) = n(U) - n(A \cup B)$$

例題8　要素の個数②

1から60までの整数のうち，2でも3でも割り切れないものの個数を求めよ。

解答　全体集合を $U = \{x | x \text{ は } 1 \text{ から } 60 \text{ までの整数}\}$ とし，$A = \{x | x \text{ は } 2 \text{ の倍数}\}$，$B = \{x | x \text{ は } 3 \text{ の倍数}\}$ とすると，1から60までの整数のうち，2でも3でも割り切れないものの集合は，$\overline{A} \cap \overline{B}$ である。

ド・モルガンの法則より，$\overline{A} \cap \overline{B} = \overline{A \cup B}$

よって，$n(\overline{A} \cap \overline{B}) = n(\overline{A \cup B}) = 60 - n(A \cup B)$

$60 \div 2 = 30$，$60 \div 3 = 20$ より，$n(A) = 30$，$n(B) = 20$

$A \cap B = \{x | x \text{ は } 6 \text{ の倍数}\}$ であるから，

$60 \div 6 = 10$ より，$n(A \cap B) = 10$

よって，$n(A \cup B) = n(A) + n(B) - n(A \cap B) = 30 + 20 - 10 = 40$

ゆえに，$n(\overline{A} \cap \overline{B}) = 60 - n(A \cup B) = 60 - 40 = 20$（個）

演習問題

11　40人の生徒に数学と国語の課題が出された。数学の課題を提出した生徒は21人，国語の課題を提出した生徒は23人，両方の課題を提出した生徒は17人いた。

このとき，数学と国語の課題を両方とも提出しなかった生徒は何人いるか。

12　100から200までの整数のうち，2でも3でも割り切れないものの個数を求めよ。

13　全体集合を U とし，その部分集合を A，B とする。$n(U) = 20$，$n(\overline{A} \cap B) = 7$，$n(\overline{A} \cap \overline{B}) = 6$，$n(\overline{A} \cup \overline{B}) = 16$ のとき，次の値を求めよ。

(1)　$n(A)$　　　　　　　　　　　　(2)　$n(B)$

総合問題

1 全体集合 $U=\{1, 2, 3, 4, 5, 6, 7, 8, 9\}$ の2つの部分集合 A, B について，$A\cap B=\{2\}$, $\overline{A}\cap\overline{B}=\{1, 9\}$, $A\cap\overline{B}=\{4, 6, 8\}$ のとき，次の集合を求めよ。
(1) A (2) $A\cup B$ (3) B

2 整数を要素とする2つの集合 $A=\{2, 6, 5a-a^2\}$, $B=\{3, 4, 3a-1, a+b\}$ がある。4が集合 $A\cap B$ の要素であるとき，次の問いに答えよ。
(1) a の値を求めよ。
(2) $A\cap B=\{4, 6\}$ のとき，b の値と，$A\cup B$ を求めよ。

3 $A=\{2, 4, 2c-1\}$, $B=\{3, 2c-a-1\}$, $C=\{2, 2c+b-2\}$ のとき，次の問いに答えよ。
(1) $A\cap B=\{3, 4\}$ となるような，a, c の値を求めよ。
(2) $B=C\subset A$ となるような，a, b の値を求めよ。

4 $A=\{x|1\leqq x\leqq 3\}$, $B=\{x|a\leqq x\leqq a+2\}$ のとき，次の問いに答えよ。
(1) $A\cup B$ に含まれる整数が1, 2, 3であるとき，a の値の範囲を求めよ。
(2) $A\cap B$ に含まれる整数がただ1つしかないとき，a の値の範囲を求めよ。

5 全体集合を U とし，その部分集合を A, B とする。$n(U)=55$, $n(A\cup B)=32$, $n(A\cap B)=5$, $n(\overline{A}\cap B)=10$ のとき，次の値を求めよ。
(1) $n(B)$ (2) $n(A)$
(3) $n(\overline{A}\cap\overline{B})$ (4) $n(A\cup\overline{B})$

6 全体集合を $U=\{x|x\text{ は2けたの正の整数}\}$ とし，$A=\{x|x\text{ は3の倍数}\}$, $B=\{x|x\text{ は5の倍数}\}$ のとき，次の値を求めよ。
(1) $n(A)$ (2) $n(B)$
(3) $n(\overline{A\cap B})$ (4) $n(\overline{A}\cap\overline{B})$

7 ある選挙について,有権者100人を対象に調査をした。100人のうち,投票日前から「投票に行く予定である」とした人は81人,投票に行く予定のあるなしにかかわらず実際に投票した人は66人であった。投票に行く予定であり,かつ実際に投票した人を m 人とするとき,次の問いに答えよ。

(1) m のとり得る値の範囲を求めよ。

(2) 投票に行く予定はなかったが,実際は投票した人を p 人,投票に行く予定がなく,かつ実際に投票しなかった人を q 人とするとき,$p<q$ を満たす m の最小値を求めよ。

8 1から49までの自然数の集合を,全体集合 U とする。U の要素のうち,50との最大公約数が1より大きなものの集合を V,偶数の集合を W とする。A と B を U の部分集合として,$A \cup \overline{B} = V$,$\overline{A} \cap \overline{B} = W$ が成り立つとき,集合 A の要素をすべて求めよ。

コラム 無限集合を比べる

2つの有限集合において,含まれる要素の個数はどちらの集合の方が多いかは,その要素の個数がわからなくても調べることができます。

たとえば,木と縄がそれぞれ何本かあり,その本数を比べるとき,1本の木に1本の縄を結び付け,最後に縄が余れば木よりも縄が多く,先に縄がなくなれば木が縄よりも多いことがわかります。また,すべての木にすべての縄をちょうど結び付けられるような,木の集合と縄の集合の要素に1対1の対応関係ができるとき,木と縄の本数が同数であることがわかります。

同様にして,2つの無限集合においても,含まれる要素に1対1の対応関係ができれば,この2つの集合は同じレベルの無限集合であると考えます。

たとえば,自然数の集合 $A = \{1, 2, 3, \cdots\}$ と正の偶数の集合 $B = \{2, 4, 6, \cdots\}$ の間には,次の1対1の対応関係ができるので,

$$
\begin{array}{ccccccc}
A: & 1 & 2 & 3 & \cdots & n & \cdots \\
& \updownarrow & \updownarrow & \updownarrow & \cdots & \updownarrow & \cdots \\
B: & 2 & 4 & 6 & \cdots & 2n & \cdots
\end{array}
$$

この2つの集合は同じレベルの無限集合であると考えます。

また,自然数の集合と整数の集合,自然数の集合と有理数の集合の間にも,それぞれ1対1の対応関係ができるので,自然数の集合,整数の集合,有理数の集合は,すべて同じレベルの無限集合であると考えます。

2章 場合の数

1 場合の数

1 樹形図

ある事柄について，起こりうるすべての場合を数え上げるとき，その総数を**場合の数**という。

場合の数を求めるとき，もれなく，**重複**なく数え上げる方法を考える。

たとえば，右の図のように，すべて長方形に区画された道路を，O地点からP地点まで遠回りをしないで行く道順が，何通りあるかを求めてみる。

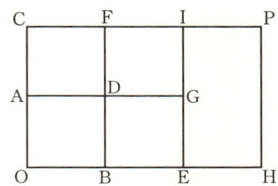

条件を満たす道順を，通過地点順にすべて書くと，

O→A→C→F→I→P
O→A→D→F→I→P
O→A→D→G→I→P
O→B→D→F→I→P
O→B→D→G→I→P
O→B→E→G→I→P
O→B→E→H→P

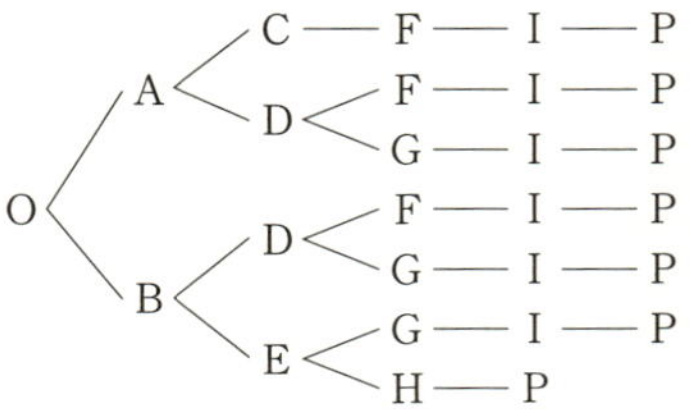

となる。

よって，O地点からP地点まで遠回りをしないで行く道順は7通りある。

このことを，右上の図のように，道順が次々と枝分かれしていく図で表すことができる。このような図を**樹形図**という。

問1 右の図のように，すべて長方形に区画された道路を，O地点からP地点まで遠回りをしないで行く道順は何通りあるか。樹形図を使って求めよ。

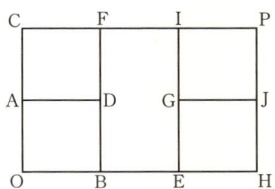

問2 A，B，C，D，Eの5人が縦1列に並ぶ。先頭にAが並び，BがCよりも前にいつも並ぶとき，並び方は何通りあるか。樹形図を使って求めよ。

例題1　樹形図の利用

0，0，1，1，2 の 5 つの数から，3 つの数を使って 3 桁の整数をつくるとき，整数は何個できるか。樹形図を使って求めよ。

|解答|　樹形図

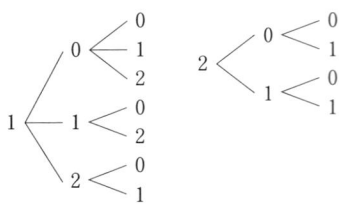

ゆえに，11 個

演習問題

1　a，a，a，b，c の 5 つの文字から，3 つの文字を取って 1 列に並べるとき，並べ方は何通りあるか。樹形図を使って求めよ。

2　整数 15 を異なる 4 つの自然数の和として表すとき，何通りの表し方があるか。ただし，1＋2＋3＋9 と 1＋2＋9＋3 は同じ表し方と考える。

3　整数 12 を 3 つの自然数の和として表すとき，何通りの表し方があるか。ただし，3 つの自然数には同じものがあってもよいものとし，1＋1＋10 と 1＋10＋1 は同じ表し方と考える。

4　仲の良い A，B，C，D の 4 人が，各自 1 つずつプレゼントを持ち寄って，プレゼント交換をすることにした。
(1) プレゼント交換をしたとき，4 人のうち 1 人だけが自分が持ってきたものを受け取る場合は，何通りあるか。
(2) プレゼント交換をしたとき，4 人がすべて自分のものを受け取らない場合は，何通りあるか。

2 和の法則

　ある喫茶店には，3種類のクレープと5種類のケーキがある。この店で，クレープまたはケーキのうちのいずれか1種類を選ぶとき，

　　　　　クレープの選び方は　3通り
　　　　　ケーキの選び方は　　5通り

あるから，クレープまたはケーキの選び方は，

　　　　　$3+5=8$（通り）

となる。

　このことより，場合の数について，次の**和の法則**が成り立つ。

> ●**和の法則**
> 2つの事柄 A，B があり，これらは同時には起こらないとする。A の起こる場合は a 通りあり，B の起こる場合は b 通りあるとき，A または B のいずれかが起こる場合の数は，
> 　　　$(a+b)$ 通り
> である。

　ある事柄について，起こる場合の数を正しく知るには，もれなく，しかも重複することなく，すべての場合を数えることが必要である。

　たとえば，ジョーカーを除くトランプ52枚のカードの中から1枚のカードを引くとき，引いたカードが，ハートまたは絵札である場合は何通りあるかを求めてみる。

　まず，カードがハートである場合は13通りあり，カードが絵札である場合は12通りある。

　これは，**もれなく**数え上げてはいるが，**重複なく**数え上げているわけではない。なぜならば，カードがハートであり絵札でもある場合が，二重に数えられているからである。そこで，その分を差し引かなければならない。

　ここでは，ハートであり絵札でもある場合が3通りある。

　ゆえに，求める場合の数は，$13+12-3=22$ より，22通りである。

　このことより，和の法則を用いて場合の数を正しく数え上げるには，同じものを重複して数えないように，事柄を重なりのないように分類することが大切である。

演習問題

5 1 から 15 までの整数が 1 つずつ書いてある 15 枚の赤いカードと，1 から 10 までの整数が 1 つずつ書いてある 10 枚の白いカードがある。この合計 25 枚のカードの中から 1 枚のカードを引くとき，次の場合の数を求めよ。
(1) 引いたカードに書いてある数が奇数である。
(2) 引いたカードが赤であるか，または書いてある数が偶数である。
(3) 引いたカードが白であるか，または書いてある数が素数である。

6 大小 2 つのさいころを同時に 1 回投げるとき，大，小のさいころの出た目の数を，それぞれ a，b とする。a と b の積が 3 の倍数となる場合の数を求めよ。

7 右のような座標平面上に，点 A$(4, 0)$ がある。大小 2 つのさいころを同時に 1 回投げるとき，大，小のさいころの出た目の数を，それぞれ x 座標，y 座標の値として，点 B(x, y) を座標平面上にかき入れる。
(1) △OAB が直角三角形になる場合の数を求めよ。
(2) △OAB が鈍角三角形になる場合の数を求めよ。

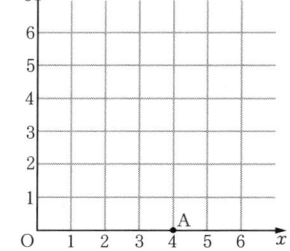

例題 2 　和の法則の利用

5 g，10 g，20 g の 3 種類の分銅が，それぞれいくつもある。これらを使って 35 g のものを量るとき，分銅の組合せは何通りあるか。ただし，使わない分銅があってもよいものとする。

解答　5 g，10 g，20 g の分銅を，それぞれ x 個，y 個，z 個使うとすると，
$5x+10y+20z=35$ より，$x+2y+4z=7$
x，y，z は 0 以上の整数であるから，$z=0$，1
$z=0$ のとき，$x+2y=7$ 　　x，y は 0 以上の整数より，$y=0$，1，2，3
よって，$(x, y)=(7, 0)$，$(5, 1)$，$(3, 2)$，$(1, 3)$
$z=1$ のとき，$x+2y=3$ 　　同様に，$y=0$，1
よって，$(x, y)=(3, 0)$，$(1, 1)$
ゆえに，$(x, y, z)=(7, 0, 0)$，$(5, 1, 0)$，$(3, 2, 0)$，$(1, 3, 0)$，
$(3, 0, 1)$，$(1, 1, 1)$ の 6 通り。

演習問題

8 1000円札と2000円札と5000円札の3種類の紙幣が，それぞれ何枚もある。これらを使って，合計金額を10000円にする方法は何通りあるか。ただし，使わない種類の紙幣があってもよいものとする。

9 2g，3g，10gの3種類の分銅が，それぞれいくつもある。これらを使って30gのものを量るとき，分銅の組合せは何通りあるか。ただし，どの分銅も少なくとも1つは使うものとする。

3　積の法則

あるレストランには，飲み物がa，b，cの3種類あり，サンドイッチがp，q，r，sの4種類ある。この店で，飲み物とサンドイッチからそれぞれ1種類ずつ選んで注文するとき，何通りの注文のしかたがあるかを求めてみる。

注文を（飲み物，サンドイッチ）で表すと，

(a, p), (a, q), (a, r), (a, s),
(b, p), (b, q), (b, r), (b, s),
(c, p), (c, q), (c, r), (c, s)

となる。3種類の飲み物のそれぞれに対して，サンドイッチが4種類ずつあるので，$3 \times 4 = 12$ より，12通りの注文のしかたがある。

このことより，場合の数について，次の**積の法則**が成り立つ。

> **●積の法則**
> 2つの事柄A，Bがある。Aの起こる場合はa通りあり，そのそれぞれに対してBの起こる場合はb通りずつあるとき，AとBがともに起こる場合の数は，
> 　　$(a \times b)$ **通り**
> である。

演習問題

10 1から7までの整数を使って，2桁の整数をつくる。同じ数を2回使ってもよいとするとき，次の問いに答えよ。
(1) 整数は何個できるか。
(2) 奇数は何個できるか。

11 箱Aの中には，1から11までの整数が1つずつ書いてある11枚のカードが入っており，箱Bの中には，1から13までの整数が1つずつ書いてある13枚のカードが入っている。箱A，Bからカードをそれぞれ1枚ずつ取り出すとき，次の問いに答えよ。
(1) 取り出した2枚のカードに書いてある数の積が，奇数になるのは何通りあるか。
(2) 取り出した2枚のカードに書いてある数の和が，偶数になるのは何通りあるか。

12 A市とB市の間には，2系統の電車 a, b と，3路線のバス c, d, e が通っている。また，B市とC市の間には，2系統の電車 p, q と，2路線のバス r, s が通っている。
(1) A市からC市まで行く方法は何通りあるか。
(2) A市とC市の間を，行きは電車だけで，帰りはバスだけを利用して往復する方法は何通りあるか。

例題3　積の法則の利用

整数72について，次の問いに答えよ。
(1) 正の約数は何個あるか。
(2) 72の正の約数の総和を求めよ。

解説　72を素因数分解すると $72 = 2^3 \times 3^2$ である。右の表のように，72の正の約数は，2^3 の正の約数と 3^2 の正の約数の積で表される。

2^3＼3^2	1	3	3^2
1	1	3	3^2
2	2	2×3	2×3^2
2^2	2^2	$2^2 \times 3$	$2^2 \times 3^2$
2^3	2^3	$2^3 \times 3$	$2^3 \times 3^2$

解答　(1) 72を素因数分解すると $72 = 2^3 \times 3^2$ であるから，72の正の約数は，2^3 の正の約数と 3^2 の正の約数の積で表される。
2^3 の正の約数は，1, 2, 2^2, 2^3 の4個あり，3^2 の正の約数は，1, 3, 3^2 の3個ある。
ゆえに，積の法則より　$4 \times 3 = 12$（個）

(2) 12個ある72の正の約数は，$(1+2+2^2+2^3)(1+3+3^2)$ の展開の中にすべて現れる。
ゆえに，$(1+2+2^2+2^3)(1+3+3^2) = 15 \times 13 = 195$

参考 正の約数の個数と正の約数の総和

正の整数 N が，$N=p^a q^b r^c \cdots\cdots$（$p$, q, r, … は異なる素数）のように素因数分解できるとき，N の正の約数の個数は，
$$(a+1)(b+1)(c+1)\cdots\cdots$$
であり，N の正の約数の総和は，
$$(1+p+\cdots+p^a)(1+q+\cdots+q^b)(1+r+\cdots+r^c)\cdots\cdots$$
である。

たとえば，$120=2^3\times3\times5$ であるから，120 の正の約数の個数は，
$$(3+1)(1+1)(1+1)=16\,(個)$$
120 の正の約数の総和は，
$$(1+2+2^2+2^3)(1+3)(1+5)=360$$
となる。

問 3 次の問いに答えよ。
(1) A，B，C の 3 人でじゃんけんをするとき，グー，チョキ，パーの出し方は何通りあるか。
(2) 大，中，小の 3 つのさいころを投げるとき，目の出方は何通りあるか。
(3) $(a+b+c)(p+q)(x+y+z)$ を展開したとき，何種類の項ができるか。

演習問題

13 右の図のように，長方形 ABCD があり，辺 AB，BC，CD，DA 上に，点がそれぞれ 2 個，3 個，4 個，5 個ある。

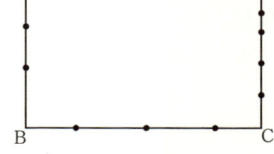

(1) 各辺上の点を 1 つずつ取って 4 つの点を結ぶとき，四角形は何個できるか。
(2) 長方形の 3 辺上の点を 1 つずつ取って 3 つの点を結ぶとき，三角形は何個できるか。

14 整数 720 について，次の問いに答えよ。
(1) 正の約数は何個あるか。
(2) 720 の正の約数の総和を求めよ。

15 ★ 1 から 5 までの整数を 1 列に並べるとき，列の 1 番目と 2 番目と 3 番目の数の和と，3 番目と 4 番目と 5 番目の数の和が等しくなる並べ方は何通りあるか。

2 順列

1 順列

ものの集まりの中から，いくつかを取り出して順序をつけて並べるとき，並べ方の総数について考える。

たとえば，a, b, c, d の 4 つの文字から異なる 2 文字を取り出して 1 列に並べるとき，並べ方が何通りあるかを求めてみる。

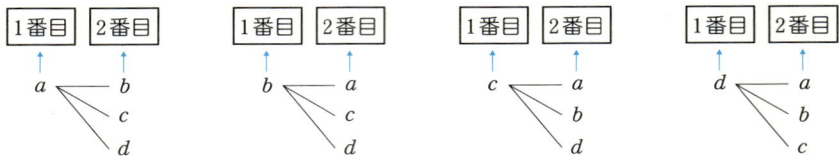

まず 1 番目に並ぶのは，a, b, c, d の 4 文字のうちから取り出すので，4 通りある。

2 番目には，1 番目に並べた文字以外の 3 文字のうちから取り出すので，3 通りある。

ゆえに，2 文字の並べ方の総数は，積の法則より

$$4 \times 3 = 12 \text{ (通り)}$$

となる。

一般に，いくつかのものを，取り出す順序を考えに入れて 1 列に並べたものを，**順列**という。

また，異なる n 個のものから，r 個を取り出して並べた順列を

$$n \text{ 個のものから } r \text{ 個取る順列}$$

といい，その順列の総数を $_nP_r$ で表す。

例 異なる 4 つの文字から 2 文字を取り出して並べる順列の総数は $_4P_2$ と表され，

$$_4P_2 = 4 \times 3 = 12$$

ここで，順列の総数 $_nP_r$ について考える。

異なる n 個のものから，r 個を取り出して 1 列に並べるとき，1 番目には n 通り，2 番目には，1 番目に 1 個使っているから $(n-1)$ 通り，3 番目には，2 個使っているから $(n-2)$ 通り，……，r 番目には，$(r-1)$ 個使っているから $(n-r+1)$ 通りの並べ方がある。

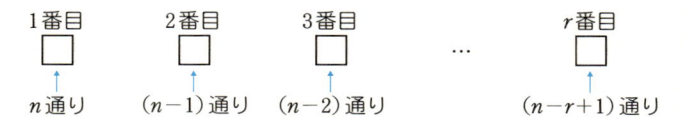

1番目	2番目	3番目	…	r番目
□	□	□		□
↑	↑	↑		↑
n通り	$(n-1)$通り	$(n-2)$通り		$(n-r+1)$通り

よって，順列の総数 $_n\mathrm{P}_r$ について，積の法則より次のことが成り立つ。

●順列の総数 $_n\mathrm{P}_r$

$$_n\mathrm{P}_r = \underbrace{n(n-1)(n-2)\cdots\cdots(n-r+1)}_{r\text{個}}$$

例　$_6\mathrm{P}_3 = 6 \times 5 \times 4 = 120$

$_8\mathrm{P}_4 = 8 \times 7 \times 6 \times 5 = 1680$

とくに，異なる n 個のものから n 個すべてを取り出して1列に並べる順列の総数 $_n\mathrm{P}_n$ は，

$$_n\mathrm{P}_n = n(n-1)(n-2)\cdots\cdots \times 3 \times 2 \times 1$$

となる。

この等式の右辺は，1から n までのすべての自然数の積となっている。これを n の**階乗**といい，**$n!$** で表す。

また，このことを用いると，

$$_n\mathrm{P}_r = \frac{n(n-1)\cdots\cdots(n-r+1)(n-r)\cdots\cdots \times 2 \times 1}{(n-r)\cdots\cdots \times 2 \times 1} = \frac{n!}{(n-r)!}$$

となる。

なお，この式が $r=0$，$r=n$ のときでも成立するように，$_n\mathbf{P_0}=1$，$\mathbf{0!=1}$ とする。

問4　次の値を求めよ。

(1) $_8\mathrm{P}_3$　　　　　(2) $5!$　　　　　(3) $_9\mathrm{P}_4$

問5　次の問いに答えよ。

(1) a, b, c, d, e, f, g の7つの文字から，異なる3文字を取って1列に並べるとき，並べ方の総数を求めよ。

(2) 色の異なる6枚のカードから4枚を選んで1列に並べるとき，並べ方の総数を求めよ。

(3) 10人の生徒の中から，議長，副議長，書記をそれぞれ1人ずつ選ぶとき，選び方の総数を求めよ。

例題4　順列の数

1，2，3，4，5 の 5 つの数から，異なる 4 つの数を使って 4 桁の整数をつくる。
(1) 整数は何個できるか。
(2) 5 の倍数は何個できるか。
(3) 3200 より大きい整数は何個できるか。
(4) 3 の倍数は何個できるか。

解答　(1) 異なる 5 つの数から 4 つ取ってつくる 4 桁の整数の総数は，
$${}_5P_4 = 5 \times 4 \times 3 \times 2 = 120 \,(個)$$

(2) 5 の倍数になるのは，一の位が 5 の場合である。千の位，百の位，十の位は，残りの 4 つの数から 3 つ取ってつくればよいから，
$${}_4P_3 = 4 \times 3 \times 2 = 24 \,(個)$$

(3) 千の位が 4 か 5 の場合は，そのそれぞれに対して，百の位，十の位，一の位には，残りの 4 つの数から 3 つ取ってつくればよいから，
積の法則より　$2 \times {}_4P_3$（個）
千の位が 3 で，百の位が 2 か 4 か 5 の場合は，そのそれぞれに対して，十の位，一の位には，残りの 3 つの数から 2 つ取ってつくればよいから，
積の法則より　$3 \times {}_3P_2$（個）
ゆえに，$2 \times {}_4P_3 + 3 \times {}_3P_2 = 2 \times 4 \times 3 \times 2 + 3 \times 3 \times 2 = 66 \,(個)$

(4) つくった 4 桁の整数を，a, b, c, d の 4 文字を使って式で表すと，
$1000a + 100b + 10c + d = 3(333a + 33b + 3c) + a + b + c + d$ となる。
この式のうちの $a+b+c+d$ の部分が 3 の倍数になれば，つくった 4 桁の整数は 3 の倍数になる。
よって，3 の倍数になる 4 つの数の組は，$(1, 2, 4, 5)$ の 1 通りである。
ゆえに，${}_4P_4 = 4 \times 3 \times 2 \times 1 = 24 \,(個)$

演習問題

16　1，2，3，4，5，6，7 の 7 つの数から，異なる 4 つの数を使って 4 桁の整数をつくる。
(1) 各位の数がすべて奇数になる整数は何個できるか。
(2) 千の位と十の位の数が偶数，百の位と一の位の数が奇数になる整数は，何個できるか。
(3) 25 の倍数は何個できるか。
(4) 5400 より小さい整数は何個できるか。

17 0, 1, 2, 3, 4, 5 の 6 つの数から, 異なる 4 つの数を使って 4 桁の整数をつくる。
(1) 整数は何個できるか。
(2) 5 の倍数は何個できるか。
(3) 4 の倍数は何個できるか。

18 0, 1, 2, 3, 4 の 5 つの数を, すべて使って 5 桁の整数をつくる。
(1) つくった 5 桁の整数のうち, 5 つの数の並べ方を逆にしても, 5 桁の整数になるものは何個あるか。
(2)* つくった 5 桁の整数のうち, 5 つの数の並べ方を逆にしてできる 5 桁の整数を加えると, どこかの桁に奇数が現れるものは何個あるか。

例題 5　並び方の数

男子 4 人, 女子 3 人の計 7 人が, 1 列に並ぶ。
(1) 男子が両端にいる並び方は何通りあるか。
(2) 女子 3 人が隣り合う並び方は何通りあるか。
(3) 女子が隣り合わない並び方は何通りあるか。

解答　(1) 男子が両端にいる並び方は $_4P_2$ 通りあり, そのそれぞれに対して, 残りの 5 人の並び方は $_5P_5$ 通りある。

ゆえに, 積の法則より　$_4P_2 \times _5P_5 = 4 \times 3 \times 5 \times 4 \times 3 \times 2 \times 1 = 1440$ (通り)

(2) 女子 3 人をひとまとめにして 1 人と考えると, 5 人の並び方は $_5P_5$ 通りある。そのそれぞれに対して, 女子の並び方は $_3P_3$ 通りある。

ゆえに, 積の法則より　$_5P_5 \times _3P_3 = 5 \times 4 \times 3 \times 2 \times 1 \times 3 \times 2 \times 1 = 720$ (通り)

(3) はじめに男子 4 人が並び, つぎに男子の両端と間の計 5 か所のうちの 3 か所に女子が並べばよい。

男子の並び方は $_4P_4$ 通りあり, そのそれぞれに対して, 女子の並び方は $_5P_3$ 通りある。

ゆえに, 積の法則より　$_4P_4 \times _5P_3 = 4 \times 3 \times 2 \times 1 \times 5 \times 4 \times 3 = 1440$ (通り)

演習問題

19 男子 3 人, 女子 3 人の計 6 人で, リレー競走に出場する。
(1) 走る順番の決め方は何通りあるか。
(2) 第 1 走者と第 6 走者を男子にするとき, 走る順番の決め方は何通りあるか。
(3) 男子と女子が, 交互に走る順番の決め方は何通りあるか。

20 祖父母，父母，子ども2人の6人家族が，1列に並ぶ。
(1) 父母が隣り合う並び方は何通りあるか。
(2) 両端とも子どもでない並び方は何通りあるか。
(3) 祖父母が隣り合い，父母も，子ども2人も，それぞれ隣り合う並び方は何通りあるか。

21 大人4人，子ども3人の計7人が，1列に並ぶ。
(1) 子ども3人が，ひとまとまりにはならない並び方は何通りあるか。
(2) 大人どうし，子どもどうしが，それぞれにおいて隣り合わない並び方は何通りあるか。

2 円順列

A，B，C，Dの4人が円形のテーブルのまわりに並ぶときの，順列の総数を求めてみる。

まず，下の図の4つの並び方は，回転すると一致するから，A，B，C，Dの4人の位置の関係はすべて同じである。よって，この4つの並び方は，同じ並び方であると考える。

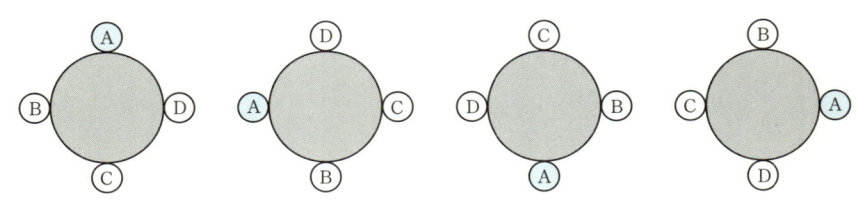

そこで，異なる並び方を考えるには，たとえば右の図のように，Aを1か所に固定したうえで，残りの①，②，③の3か所に，A以外のB，C，Dの3人が並ぶようにすればよい。

したがって，4人が円形に並ぶ順列の総数は，4人から1人を除いた，残りの3人が並ぶ順列の総数に等しい。

ゆえに，

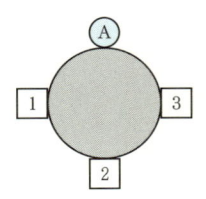

$$(4-1)! = 3! = 6 \text{（通り）}$$

となる。

一般に，いくつかのものを円形に並べたものを，**円順列**という。
円順列の総数について，次のページのことが成り立つ。

> **●円順列**
> 異なる n 個のものの円順列の総数は，
> $$(n-1)!$$

例題6　円順列

男子4人，女子3人の計7人が，円形のテーブルのまわりに座る。
(1) 座り方は何通りあるか。
(2) 女子3人が隣り合う座り方は何通りあるか。
(3) 女子の両隣が男子である座り方は何通りあるか。

解答　(1)　7人が円形のテーブルのまわりに座るから，座り方は
$(7-1)!=6!=720$（通り）

(2) 女子3人をひとまとめにして1人と考えると，5人が円形のテーブルのまわりに座るから，座り方は $(5-1)!=4!$（通り）ある。
そのそれぞれに対して，女子3人の座り方は $3!$ 通りある。
ゆえに，$4! \times 3! = 4 \times 3 \times 2 \times 1 \times 3 \times 2 \times 1 = 144$（通り）

(3) はじめに男子4人が座り，つぎに男子の間の4か所のうちの3か所に女子が座ればよい。
男子4人が円形のテーブルのまわりに座るから，座り方は $(4-1)!=3!$（通り）ある。
女子3人は4か所ある男子の間に座ればよいから，座り方は $_4P_3$ 通りある。
ゆえに，$3! \times {}_4P_3 = 3 \times 2 \times 1 \times 4 \times 3 \times 2 = 144$（通り）

演習問題

22　父母，子ども4人の6人家族が，円形のテーブルのまわりに座る。
(1) 座り方は何通りあるか。
(2) 父母が隣り合う座り方は何通りあるか。
(3) 父母が向かい合う座り方は何通りあるか。

23　A校の生徒4人，B校の生徒2人，C校の生徒2人の計8人が，交流会をするために円形のテーブルのまわりに座る。
(1) それぞれの学校の生徒が，ひとまとまりになる座り方は何通りあるか。
(2) 同じ学校の生徒どうしが，隣り合わない座り方は何通りあるか。

24 右の図のように，正三角形を4つの合同な正三角形に分ける。この4つの正三角形を赤，青，白，黒の4色で塗るとき，塗り分け方は何通りあるか。ただし，正三角形を回転させると一致する塗り方は，同じ塗り方とする。

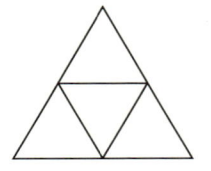

3 重複順列

ものの集まりの中から，同じものをくり返して使うことを許して，いくつかを取り出して順序をつけて並べるとき，並べ方の総数について考える。

たとえば，a, b, c, d の4つの文字から，同じ文字をくり返して使うことを許して，3文字を取り出して1列に並べる順列の総数を求めてみる。

右の図のように考えると，1番目，2番目，3番目に入る文字は，どれも a, b, c, d の4文字のうちから取り出すので，それぞれ4通りずつある。

ゆえに，3文字を並べる順列の総数は，積の法則より

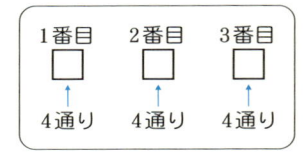

$$4 \times 4 \times 4 = 4^3 = 64 \text{（通り）}$$

となる。

一般に，異なる n 個のものから，くり返して使うことを許して，r 個を取り出して並べた順列を

n 個のものから r 個取る重複順列

という。

重複順列について，次のことが成り立つ。

----- ●重複順列 -----
異なる n 個のものから r 個を取り出す重複順列の総数は，

$$\underbrace{n \times n \times \cdots \times n}_{r \text{ 個}} = n^r$$

例題7　　重複順列の数

同じ数をくり返して使うことを許して3桁の整数をつくるとき，次の問いに答えよ。
(1) 1，2，3，4，5の5つの数からつくるとき，
　① 整数は何個できるか。　　② 偶数は何個できるか。
(2) 0，1，2，3，4の5つの数からつくるとき，
　① 整数は何個できるか。　　② 偶数は何個できるか。

解答　(1) ① 百の位，十の位，一の位の3つの位とも，それぞれ1から5までの数のうちのどれを使ってもよいから，$5^3 = 125$（個）
　　② 一の位は2か4の2通り，百の位，十の位には，それぞれ1から5までの数のうちのどれを使ってもよいから，$2 \times 5^2 = 50$（個）
(2) ① 百の位は0以外の4通り，十の位，一の位には，それぞれ0から4までの数のうちのどれを使ってもよいから，$4 \times 5^2 = 100$（個）
　　② 百の位は0以外の4通り，一の位には0か2か4の3通り，十の位には0から4までの数のうちのどれを使ってもよいから，$4 \times 3 \times 5 = 60$（個）

演習問題

25 e，n，g，l，i，s，hの7つの文字から，同じ文字をくり返して使うことを許して，3文字を取り出して1列に並べる。
(1) 並べ方は何通りあるか。
(2) 母音字が両端に並ぶとき，並べ方は何通りあるか。
(3) 子音字だけが並ぶとき，並べ方は何通りあるか。

26 0，1，2，3，4，5の6つの数から，同じ数をくり返して使うことを許して，4桁の整数をつくる。
(1) 整数は何個できるか。　　(2) 5の倍数は何個できるか。
(3) 4の倍数は何個できるか。

27 右の図のように，A，B，C，D，Eの5つの部分に区切った画用紙がある。この画用紙を5色の絵の具を使って塗り分けるとき，次の問いに答えよ。
(1) すべて異なる色で塗るとき，塗り分け方は何通りあるか。
(2)* 同じ色を何回も使ってもよいが，隣り合う部分は互いに異なる色で塗るとき，塗り分け方は何通りあるか。

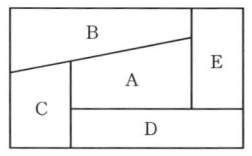

4 同じものを含む順列

a が3つ，b が2つ，c が1つの計6つの文字があり，そのすべてを1列に並べるときの，順列の総数 x を求めてみると，

答えは $$x=\frac{6!}{3!\times 2!}=\frac{6\times 5\times 4\times 3\times 2\times 1}{3\times 2\times 1\times 2\times 1}=60（個）$$

となる。この式について考える。

今まで学習してきたような，6つの文字がすべて異なる場合ならば，そのすべてを1列に並べる順列の総数は，積の法則より $6!=720$（個）と求められたが，ここでは6つの文字の中に，同じ文字がいくつか含まれているので，その文字の扱い方を考えに入れなくてはならない。

たとえば，x 個ある順列のうちの1つの並べ方，$aabacb$ について考えてみると，この中には a が3つ含まれている。

この3つの a を，右のように，a_1，a_2，a_3 のような異なる3つの文字と考えて並べると，$3!$ 通りの並べかえができる。

つぎに，2つの b についても同様に考えて，異なる2つの文字として並べると，$2!$ 通りの並べかえができる。

また，c は1つなので，$1!$ より1通りの並べかえができる。

したがって，3つの a と2つの b と1つの c の6文字を，すべて異なる6つの文字として考えると，1つの並べ方 $aabacb$ から

$$3!\times 2!（通り）$$

の並べかえができる。

$aabacb$
↓
$a_1a_2ba_3cb$
$a_1a_3ba_2cb$
$a_2a_1ba_3cb$
$a_2a_3ba_1cb$
$a_3a_1ba_2cb$
$a_3a_2ba_1cb$

よって，x 個ある順列のそれぞれについて，$3!\times 2!$（通り）ずつの並べかえができるので，全体では

$$x\times 3!\times 2!（個）\ \cdots\cdots\cdots ①$$

の順列ができる。

そして，この①は，6つの文字がすべて異なるときの順列の総数 $6!$ に等しい。

よって，

$$x\times 3!\times 2!=6!$$

となる。

ゆえに，求める順列の総数 x は，

$$x=\frac{6!}{3!\times 2!}=\frac{6\times 5\times 4\times 3\times 2\times 1}{3\times 2\times 1\times 2\times 1}=60（個）$$

となる。

一般に，p 個が同じもの，q 個が別の同じもの，……，t 個がこれまでとは別の同じものの合計 n 個のものを，すべて 1 列に並べる順列の総数は，次のようになる。

●同じものを含む順列

$$\frac{n!}{p!\,q!\cdots t!} \qquad \text{ただし，} p+q+\cdots+t=n$$

参考 たとえば，a, a, a, b, b, c の 6 文字すべてを 1 列に並べる順列の総数は
$$\frac{6!}{3!\,2!\,1!}=\frac{6\times5\times4\times3\times2\times1}{3\times2\times1\times2\times1\times1}=60\,(\text{個})$$
ではあるが，同じものの個数が 1 つのときは，$1!=1$ であるから，$1!$ を省略して
$$\frac{6!}{3!\,2!}=\frac{6\times5\times4\times3\times2\times1}{3\times2\times1\times2\times1}=60\,(\text{個})$$
と求めてもよい。

例題 8 同じものを含む順列の数

TOKYOTO という語の 7 文字を，すべて 1 列に並べてできる順列について，次の問いに答えよ。
(1) 順列の総数を求めよ。
(2) OOO と TT という並びを，ともに含む並べ方は何通りあるか。

解答 (1) 7 文字あるうちに，O の文字が 3 つ，T の文字が 2 つあり，その他はすべて異なる文字であるから，
$$\frac{7!}{3!\,2!}=\frac{7\times6\times5\times4\times3\times2\times1}{3\times2\times1\times2\times1}=420\,(\text{個})$$

(2) OOO の 3 文字と，TT の 2 文字を，それぞれひとまとめにして 1 文字と考えると，異なる 4 文字を 1 列に並べる順列の総数を求めればよいから，
$$4!=4\times3\times2\times1=24\,(\text{通り})$$

演習問題

28 次の問いに答えよ。
(1) 1, 1, 2, 2, 2, 3, 3 の 7 つの数を，すべて使ってできる 7 桁の整数の個数を求めよ。
(2) 0, 1, 1, 2, 2, 3, 3 の 7 つの数を，すべて使って 7 桁の整数をつくる。
① 整数は何個できるか。
② 偶数は何個できるか。

29 YOKOHAMA という語の 8 文字を，すべて 1 列に並べてできる順列について，次の問いに答えよ。
(1) 順列の総数を求めよ。
(2) AA と OO という並びを，ともに含む並べ方は何通りあるか。
(3) A，O が必ず偶数番目に並ぶとき，並べ方は何通りあるか。

30 a, a, b, b, c, d, e の 7 つの文字を，すべて 1 列に並べてできる順列について，次の問いに答えよ。
(1) 2 つの a が隣り合う並べ方は何通りあるか。
(2) 2 つの a が隣り合わず，かつ 2 つの b も隣り合わない並べ方は何通りあるか。

コラム　完全順列

1, 2, 3, …, n までの整数が 1 つずつ書いてある n 枚の番号札を，よく混ぜてから一列に並べたとき，先頭から数えた札の順番と札に書いてある番号とに一致するものが 1 つもない並べ方を，**完全順列**または**撹乱順列**といいます。

完全順列の例：札が $n=5$ のとき，

| 札の順番 | 1 | 2 | 3 | 4 | 5 |
| 札の番号 | ② | ③ | ⑤ | ① | ④ |

この番号札の順列 ②③⑤①④ は，札の順番と 1 つも一致しないので完全順列です。

さて，$n=4$ のときの完全順列は 9 通り（16 ページ演習問題 4 参照）あります。この完全順列の数の求め方を考えてみます。

まず，①，②，③，…，ⓝ の完全順列の数を $a(n)$ で表すと，
$$a(n)=(n-1)\times\{a(n-1)+a(n-2)\} \quad n\geq 3$$
となることがわかっています。

ここで，$n=2$ のときの完全順列は ②① の 1 つあるので，$a(2)=1$
$n=3$ のときの完全順列は ②③① と，③①② の 2 つあるので，$a(3)=2$ となることを用いると，$n=4$ のときの完全順列の数は，
$$a(4)=(4-1)\times\{a(2)+a(3)\}=3(1+2)=9 \text{(通り)}$$
と求めることができます。

3 組合せ

1 組合せ

　ものの集まりの中からいくつかを取り出して，並べる順序は考えに入れずに組をつくるとき，つくり方の総数について考える。

　たとえば，a, b, c, d, e の 5 つの文字から異なる 3 文字を取り出してつくる文字の組を，文字を並べる順序は考えに入れないで書き上げると，

　　　$\{a, b, c\}$, $\{a, b, d\}$, $\{a, b, e\}$, $\{a, c, d\}$, $\{a, c, e\}$,
　　　$\{a, d, e\}$, $\{b, c, d\}$, $\{b, c, e\}$, $\{b, d, e\}$, $\{c, d, e\}$

の 10 通りになる。

　このように，取り出したものを，並べる順序は考えに入れずに 1 組にしたものを**組合せ**という。

　一般に，異なる n 個のものから異なる r 個を取り出して，並べる順序は考えに入れずに 1 組にしたものを

　　　　　　n 個のものから r 個取る組合せ

といい，その組合せの総数を $_n\mathrm{C}_r$ で表す。ただし，$r \leqq n$ である。

例　異なる 5 つの文字から 3 文字を取り出す組合せの総数は $_5\mathrm{C}_3$ と表され，

　　　$_5\mathrm{C}_3 = 10$

　ここで，すべての組を書き上げるのではなく，$_5\mathrm{C}_3$ を求める方法を考える。

　たとえば，書き上げた組のうちの 1 つの組 $\{a, b, c\}$ について考えてみると，この a, b, c の 3 文字すべてを並べてできる順列は $3!$ 通りある。

　これは，残りのどの組についても同様に $3!$ 通りずつできるので，全体では，$_5\mathrm{C}_3 \times 3!$（通り）　………①　の順列ができる。

　そして，この①は，異なる 5 個から 3 個を取り出す順列の総数 $_5\mathrm{P}_3$ に等しい。

　よって，

　　　　　　$_5\mathrm{C}_3 \times 3! = {}_5\mathrm{P}_3$

となる。

　ゆえに，

　　　　　　$_5\mathrm{C}_3 = \dfrac{_5\mathrm{P}_3}{3!} = \dfrac{5 \times 4 \times 3}{3 \times 2 \times 1} = 10$

となる。

$\{a, b, c\}$
↓
abc, acb,
bac, bca,
cab, cba,
$3!$ 通り

一般に，$_nC_r$ 通りあるそれぞれの組合せから $r!$ 通りの順列ができ，それら全体では，異なる n 個のものから r 個を取り出して並べた順列の総数 $_nP_r$ と等しくなるので，

$$_nC_r \times r! = {_nP_r} \quad \text{より，} \quad _nC_r = \frac{_nP_r}{r!}$$

となる。

よって，組合せの総数 $_nC_r$ について，次のことが成り立つ。

●組合せの総数 $_nC_r$

$$_nC_r = \frac{_nP_r}{r!} = \frac{n(n-1)(n-2)\cdots(n-r+1)}{r(r-1)(r-2)\cdots \times 3 \times 2 \times 1}$$

$$= \frac{n!}{r!(n-r)!} \qquad \text{ただし，} _nC_0 = 1 \text{ とする。}$$

例 $\quad _4C_2 = \dfrac{4 \times 3}{2 \times 1} = 6$

$\quad\quad _8C_3 = \dfrac{8 \times 7 \times 6}{3 \times 2 \times 1} = 56$

問6 次の値を求めよ。

(1) $_5C_2$ \qquad (2) $_7C_3$ \qquad (3) $_9C_4$

また，組合せの総数 $_nC_r$ について，次のような考え方ができる。

たとえば，a, b, c, d, e の 5 つの文字から異なる 3 文字を取り出して組合せを 1 つつくると，残りの 2 文字からできる組合せも同時に 1 つできる。

$\{a, b, c\} \rightarrow \{d, e\}$
$\{a, b, d\} \rightarrow \{c, e\}$
$\{a, b, e\} \rightarrow \{c, d\}$
$\quad\vdots \qquad\qquad \vdots$
$\{c, d, e\} \rightarrow \{a, b\}$

よって，$_5C_3 = {_5C_2}$ が成り立つ。

一般に，次の等式が成り立つ。

$$_nC_r = {_nC_{n-r}}$$

r の数が大きいときは，この式を使うと計算がしやすくなる。

例 $\quad _9C_6 = {_9C_3} = \dfrac{9 \times 8 \times 7}{3 \times 2 \times 1} = 84$

$\quad\quad _{15}C_{10} = {_{15}C_5} = \dfrac{15 \times 14 \times 13 \times 12 \times 11}{5 \times 4 \times 3 \times 2 \times 1} = 3003$

問7 次の値を求めよ。
(1) $_8C_5$ (2) $_{10}C_8$ (3) $_{12}C_8$

問8 次の問いに答えよ。
(1) 7人の中から3人の代表を選ぶとき，選び方は何通りあるか。
(2) 8人の中から400mリレーの選手4人を選ぶとき，選び方は何通りあるか。
(3) 9つのサッカーチームが，1試合ずつ総当たりで試合を行うとき，全部で何試合になるか。

問9 次の問いに答えよ。
(1) 円周上に異なる10個の点が並んでいる。これらの点を頂点とする三角形は何個できるか。
(2) 正十二角形の対角線の本数を求めよ。

例題9 委員の選び方の数
男子8人，女子7人の計15人の中から，5人の委員を選ぶ。
(1) 男子3人，女子2人を委員に選ぶとき，選び方は何通りあるか。
(2) 男子からも女子からも，少なくとも1人は委員に選ぶとき，選び方は何通りあるか。

解答 (1) 男子8人から3人の委員を選ぶと，選び方は $_8C_3$ 通りある。

そのそれぞれに対して，女子7人から2人の委員を選ぶと，選び方は $_7C_2$ 通りある。

ゆえに，$_8C_3 \times _7C_2 = \dfrac{8 \times 7 \times 6}{3 \times 2 \times 1} \times \dfrac{7 \times 6}{2 \times 1} = 1176$ （通り）

(2) 15人から5人の委員を選ぶと，選び方は $_{15}C_5$ 通りある。

5人とも男子の委員となる選び方は $_8C_5$ 通りあり，5人とも女子の委員となる選び方は $_7C_5$ 通りある。

ゆえに，$_{15}C_5 - _8C_5 - _7C_5 = _{15}C_5 - _8C_3 - _7C_2$

$= \dfrac{15 \times 14 \times 13 \times 12 \times 11}{5 \times 4 \times 3 \times 2 \times 1} - \dfrac{8 \times 7 \times 6}{3 \times 2 \times 1} - \dfrac{7 \times 6}{2 \times 1} = 3003 - 56 - 21 = 2926$ （通り）

演習問題

31 5本の平行線が，他の8本の平行線と交わっている。これらの平行線によってできる平行四辺形は何個できるか。

32 A組の6人,B組の4人,C組の3人の,計13人の中から6人を選ぶ。
(1) 各組からそれぞれ2人ずつを選ぶとき,選び方は何通りあるか。
(2) B組から少なくとも1人を選ぶとき,選び方は何通りあるか。
(3) A組から3人を選び,B組,C組からはそれぞれ少なくとも1人ずつを選ぶとき,選び方は何通りあるか。

例題10　道路の行き方の数

右の図のように,すべて長方形に区画された道路を,A地点からB地点まで遠回りをしないで行く。
(1) 行き方は何通りあるか。
(2) P地点を通る行き方は何通りあるか。

解答　(1) 交差点から次の交差点までの1区画を,右または下に進むことをそれぞれ→,↓で表すと,A地点からB地点まで行くことは,→4回,↓3回を組合せることである。これは,□を7つ並べた□□□□□□□のうちから3つの□を選んで,その中に↓(残りの4つの□は→)を書き入れることと同じである。
よって,求める数は,異なる7個のものから3個を取る組合せの数に等しい。

ゆえに,$_7C_3 = \dfrac{7 \times 6 \times 5}{3 \times 2 \times 1} = 35$(通り)

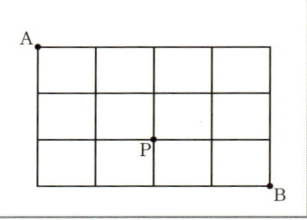

(2) (1)と同様に考えて,A地点からP地点までの行き方は$_4C_2$通りあり,そのそれぞれに対して,P地点からB地点までの行き方は$_3C_1$通りある。

ゆえに,$_4C_2 \times _3C_1 = \dfrac{4 \times 3}{2 \times 1} \times 3 = 18$(通り)

参考　同じものを含む順列と考えて,

(1)は $\dfrac{7!}{4!3!} = 35$(通り), (2)は $\dfrac{4!}{2!2!} \times \dfrac{3!}{2!} = 18$(通り)

としてもよい。

演習問題

33 右の図のように,すべて長方形に区画された道路を,A地点からB地点まで遠回りをしないで行く。
(1) 行き方は何通りあるか。
(2) P地点を通る行き方は何通りあるか。
(3) PQ間が通行止めで通れないとき,行き方は何通りあるか。

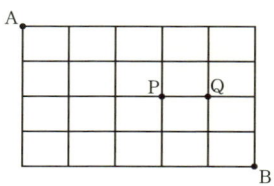

組分け

> **例題11** 組分けの数
> 9人の生徒を次のような組に分けるとき,分け方は何通りあるか。
> (1) A組2人,B組2人,C組2人,D組3人の4つの組に分ける。
> (2) 2人,2人,2人,3人の4つの組に分ける。

解説 (1)は,各組をA,B,C,Dという名前で区別をするが,(2)では,組の区別をしない。

(2)については,たとえば9人の生徒を a, b, c, d, e, f, g, h, i として,さらに $\{a, b\}$, $\{c, d\}$, $\{e, f\}$, $\{g, h, i\}$ という4つの組に分けたとする。

右の図のように,そのうちの $\{a, b\}$, $\{c, d\}$, $\{e, f\}$ の3つの組について,A,B,Cと名前をつけて区別をすると,名前のつけ方は3!通りある。

したがって,求める分け方の総数を x とすると,$x \times 3!$ は,(1)の分け方の総数に等しくなる。

$\{a, b\}$	$\{c, d\}$	$\{e, f\}$
A	B	C
A	C	B
B	A	C
B	C	A
C	A	B
C	B	A

解答 (1) はじめに,9人の中からA組に入れる2人を選ぶと,選び方は $_9C_2$ 通りある。

つぎに,残りの7人の中からB組に入れる2人を選ぶと,選び方は $_7C_2$ 通りある。

そして,残りの5人の中からC組に入れる2人を選ぶと,選び方は $_5C_2$ 通りあり,残った3人はD組に入れる。

ゆえに,$_9C_2 \times _7C_2 \times _5C_2 = \dfrac{9 \times 8}{2 \times 1} \times \dfrac{7 \times 6}{2 \times 1} \times \dfrac{5 \times 4}{2 \times 1} = 7560$(通り)

(2) (1)の分け方には,A,B,Cの区別をなくすと同じ組分けになるものが3!通りずつある。

ゆえに,$\dfrac{7560}{3!} = 1260$(通り)

演習問題

34 9人の生徒を次のような組に分けるとき,分け方は何通りあるか。
(1) 3人ずつA,B,Cの3つの組に分ける。
(2) 3人ずつの3つの組に分ける。
(3) 4人,3人,2人の3つの組に分ける。
(4) 2人,2人,5人の3つの組に分ける。

組合せと順列

例題12 組合せと順列
a, a, b, b, c, d, e の 7 つの文字がある。
(1) 4 つの文字を取ってできる組合せの総数を求めよ。
(2) 4 つの文字を取ってできる順列の総数を求めよ。

解答 (1) 同じ文字を 2 組含むときの組合せの数は，$\{a, a, b, b\}$ の 1 通りである。
同じ文字が 1 組のとき，a を 2 つ含む組合せの数は，b, c, d, e から 2 つ取ればよいから $_4C_2=6$（通り）であり，b を 2 つ含む組合せの数は，a, c, d, e から 2 つ取ればよいから $_4C_2=6$（通り）である。
また，4 つの文字がすべて異なるとき，異なる 5 つの文字から 4 文字を取る組合せの数と考えられるので，組合せの数は $_5C_4=5$（通り）である。
ゆえに，$1+6+6+5=18$（通り）

(2) 同じ文字を 2 組含むとき，順列の数は $\dfrac{4!}{2!2!}=6$（通り）である。

同じ文字を 1 組だけ含むとき，順列の数は $\dfrac{4!}{2!}=12$（通り）である。

また，4 つの文字がすべて異なるとき，順列の数は $4!=24$（通り）である。
ゆえに，$6+12\times(6+6)+24\times5=270$（通り）

演習問題

35 a, a, a, b, b, c, d, e の 8 つの文字がある。
(1) 5 つの文字を取ってできる組合せの総数を求めよ。
(2) 5 つの文字を取ってできる順列の総数を求めよ。

36 1, 2, 3, 4, 5 の 5 つの数から，3 つの数を使って 3 桁の整数をつくるとき，3 の倍数にも 5 の倍数にもならない整数は何個できるか。

37 1, 1, 1, 2, 3, 4, 5 の 7 つの数から，4 つの数を使って 4 桁の整数をつくるとき，整数は何個できるか。

38 0, 1, 1, 2, 2, 3 の 6 つの数から，4 つの数を使って 4 桁の整数をつくる。
(1) 整数は何個できるか。
(2)* 偶数は何個できるか。

2 重複組合せ

ものの集まりの中から，重複を許していくつかを取り出して，並べる順序は考えに入れずに組をつくるとき，組合せの総数について考える。

たとえば，a, b, c, d の4つの文字から，重複を許して2文字を取り出してつくる文字の組を，文字を並べる順序は考えに入れないで書き上げると，

$$\{a, a\}, \ \{a, b\}, \ \{a, c\}, \ \{a, d\},$$
$$\{b, b\}, \ \{b, c\}, \ \{b, d\},$$
$$\{c, c\}, \ \{c, d\},$$
$$\{d, d\}$$

の10通りになる。

一般に，異なる n 個のものから，重複を許して r 個を取り出して，並べる順序は考えに入れずに1組にしたものを**重複組合せ**といい，その組合せの総数を $_n\mathrm{H}_r$ で表す。

例 異なる4つの文字から2文字を取り出す重複組合せの総数は $_4\mathrm{H}_2$ と表され，

$$_4\mathrm{H}_2 = 10$$

ここで，すべての組を書き上げるのではなく，$_4\mathrm{H}_2$ を求める方法を考える。

たとえば，次の図のように，a, b, c, d の4つの文字が入る位置を，3本の縦線 | の間と両端の計4か所で表し，取り出される2文字を2つの○で表して，| と ○ の並び方を考える。

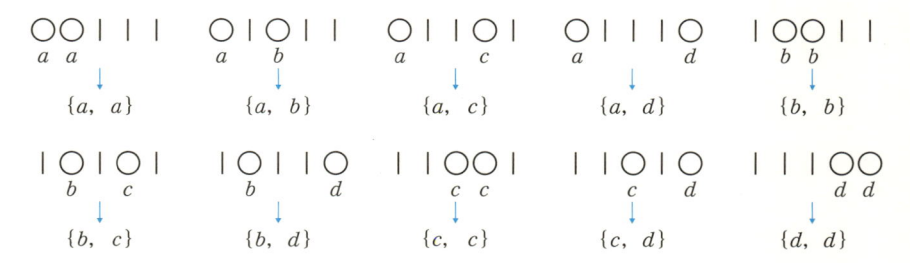

前のページの図のように，1番目の｜の前に○が並ぶときは○の個数だけ a を取り出し，○が並ばないときは a は取り出さない。

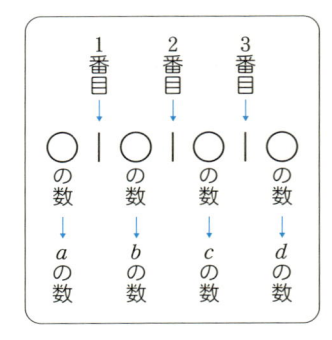

1番目の｜と2番目の｜の間に○が並ぶときは○の個数だけ b を取り出し，○が並ばないときは b は取り出さない。

c と d についても同様に考えて，2番目の｜と3番目の｜の間に○が並ぶときは○の個数だけ c を取り出し，3番目の｜の後に○が並ぶときは○の個数だけ d を取り出す。

このようにすると，｜と○の並び方と重複組合せとが対応する。

したがって，$_4H_2$ は，｜と○が並ぶ5つの場所□□□□□から，○が入る2つの場所を選ぶときの選び方，$_5C_2$ に等しい。

ゆえに，
$$_4H_2 = {}_5C_2 = \frac{5 \times 4}{2 \times 1} = 10$$

となる。

一般に，異なる n 個のものから，重複を許して，r 個を取り出す組合せの総数 $_nH_r$ は，異なる n 個のものを $(n-1)$ 本の縦線｜の間と両端の計 n か所で表し，取り出される r 個のものを r 個の○で表して考える。このとき，｜と○の並び方の総数 $_{n+r-1}C_r$ は，$_nH_r$ に等しい。

> ●重複組合せ
> 異なる n 個のものから，重複を許して，r 個を取り出す重複組合せの総数 $_nH_r$ は，
> $$_nH_r = {}_{n+r-1}C_r$$

例 $\quad _5H_3 = {}_{5+3-1}C_3 = {}_7C_3 = \dfrac{7 \times 6 \times 5}{3 \times 2 \times 1} = 35$

$\quad _4H_7 = {}_{4+7-1}C_7 = {}_{10}C_7 = {}_{10}C_3 = \dfrac{10 \times 9 \times 8}{3 \times 2 \times 1} = 120$

問10 次の値を求めよ。
(1) $_4H_3$ (2) $_6H_2$ (3) $_3H_8$

例題13　重複組合せ

赤，白，青，黄の4色の花がそれぞれ何本もある。これらの中から，6本の花をぬき取って花びんに入れる。

(1) 使われない色の花があってもよいとき，入れ方は何通りあるか。
(2) どの色の花も少なくとも1本は入れるとき，入れ方は何通りあるか。

解答　(1) 異なる4色の花から，重複を許して6本取る組合せの数である。

ゆえに，$_4H_6 = {}_{4+6-1}C_6 = {}_9C_6 = {}_9C_3 = \dfrac{9 \times 8 \times 7}{3 \times 2 \times 1} = 84$（通り）

(2) はじめに，赤，白，青，黄の花をそれぞれ1本ずつ入れておく。

よって，残りは異なる4色の花から，重複を許して2本取る組合せの数である。

ゆえに，$_4H_2 = {}_{4+2-1}C_2 = {}_5C_2 = \dfrac{5 \times 4}{2 \times 1} = 10$（通り）

演習問題

39　みかん，りんご，かきの3種類のくだものが，それぞれいくつもある。これらを使って，12個入りのくだものかごをつくる。
(1) 使われないくだものがあってもよいとき，つくり方は何通りあるか。
(2) どのくだものも少なくとも1個は使うとき，つくり方は何通りあるか。

40　赤球5個，白球6個の計11個の球のすべてを，A，B，Cの3つの袋に次のように入れるとき，入れ方は何通りあるか。
(1) 球が入らない空の袋があってもよいとするとき
(2) どの袋にも，少なくとも赤球1個と白球1個は入れるとき
(3) 球が入らない空の袋がないようにするとき

41　等式 $x+y+z=10$ を満たす整数 x, y, z の組について，次の問いに答えよ。
(1) x, y, z がどれも0以上のとき，整数 x, y, z の組は何通りあるか。
(2) x, y, z がどれも正の整数のとき，整数 x, y, z の組は何通りあるか。

42　$(a+b+c+d)^5$ を展開したとき，何種類の項ができるか。

43　1から7までの整数が1つずつ書いてある7枚のカードの中から1枚を引き，書いてある数を確認してからもとに戻す操作を4回くり返す。引いたカードに書いてある数を順に a, b, c, d とするとき，次の問いに答えよ。
(1) $a < b < c < d$ となる場合の数は何通りあるか。
(2) $a \leqq b \leqq c \leqq d$ となる場合の数は何通りあるか。

4　二項定理

● 二項定理

$(a+b)^2$ を展開すると，$(a+b)^2=a^2+2ab+b^2$ となることがわかっている。

それでは，累乗の指数が 2 より大きい整数のときの展開式について，組合せの考え方を使って求めてみる。

たとえば，$(a+b)^4$ は 4 つの因数 $(a+b)$ の積であるから，
$$(a+b)^4=(a+b)(a+b)(a+b)(a+b)$$
となる。

したがって，$(a+b)^4$ の展開式は，この 4 つの $(a+b)$ のそれぞれから，a または b のどちらかを取り出して掛け合わせた積の和になっている。

その積のうちの 1 つ，ab^3 の形の項について考えてみると，ab^3 とは，4 つある $(a+b)$ のうちの 3 つの $(a+b)$ から b をそれぞれ取り出し，残りの 1 つの $(a+b)$ から a を取り出して，それらを掛け合わせた積であり，${}_4C_3=4$（個）の ab^3 ができる。よって，展開式では ab^3 の係数は ${}_4C_3$ となる。

同様に考えて，a^4 の係数は ${}_4C_0$，a^3b の係数は ${}_4C_1$，a^2b^2 の係数は ${}_4C_2$，b^4 の係数は ${}_4C_4$ となる。

ゆえに，
$$\begin{aligned}(a+b)^4&={}_4C_0a^4+{}_4C_1a^3b+{}_4C_2a^2b^2+{}_4C_3ab^3+{}_4C_4b^4\\&=a^4+4a^3b+6a^2b^2+4ab^3+b^4\end{aligned}$$
となる。

一般に，$(a+b)^n$ の展開において，$a^{n-r}b^r$ の形の項は，n 個の因数 $(a+b)$ から b を取り出す r 個の $(a+b)$ を選ぶときの選び方，${}_nC_r$ の数だけできる。したがって，展開式では $a^{n-r}b^r$ の係数は ${}_nC_r$ となる。

よって，$(a+b)^n$ の展開式について，次の**二項定理**が成り立つ。

> ● 二項定理
>
> $$(a+b)^n={}_nC_0a^n+{}_nC_1a^{n-1}b+{}_nC_2a^{n-2}b^2+\cdots+{}_nC_ra^{n-r}b^r+\cdots+{}_nC_nb^n$$
> ただし，${}_nC_0={}_nC_n=1$ である。

また，$(a+b)^n$ の展開式で，${}_nC_ra^{n-r}b^r$ を**一般項**という。

● **パスカルの三角形**

$(a+b)^n$ の展開式の各項の係数を次のように並べたものを，**パスカルの三角形**という。

$$
\begin{array}{rl}
(a+b)^1 \rightarrow & 1 \quad 1 \\
(a+b)^2 \rightarrow & 1 \quad 2 \quad 1 \\
(a+b)^3 \rightarrow & 1 \quad 3 \quad 3 \quad 1 \\
(a+b)^4 \rightarrow & 1 \quad 4 \quad 6 \quad 4 \quad 1 \\
(a+b)^5 \rightarrow & 1 \quad 5 \quad 10 \quad 10 \quad 5 \quad 1 \\
\vdots &
\end{array}
$$

パスカルの三角形は，上の段の2数の和を，次の段に順次書くことによってつくることができる。

例題14　二項定理

次の式を展開せよ。
(1) $(3a+1)^4$ 　　　　(2) $(x-2y)^5$

解答　(1) $(3a+1)^4=\{(3a)+1\}^4$ であるから，
$(3a+1)^4=(3a)^4+4(3a)^3 \times 1+6(3a)^2 \times 1^2+4(3a) \times 1^3+1^4$
$=81a^4+108a^3+54a^2+12a+1$

(2) $(x-2y)^5=\{x+(-2y)\}^5$ であるから，
$(x-2y)^5=x^5+5x^4(-2y)+10x^3(-2y)^2+10x^2(-2y)^3+5x(-2y)^4+(-2y)^5$
$=x^5-10x^4y+40x^3y^2-80x^2y^3+80xy^4-32y^5$

演習問題

44 次の式を展開せよ。
(1) $(x+1)^5$ 　　　　(2) $\left(a+\dfrac{1}{2}b\right)^4$ 　　　　(3) $(2x-3y)^3$

45 次の問いに答えよ。
(1) $(x+y)^{15}$ を展開したとき，x^4y^{11} の係数を求めよ。
(2) $(x-1)^{12}$ を展開したとき，x^9 の係数を求めよ。
(3) $(2x+1)^8$ を展開したとき，x^5 の係数を求めよ。

例題15　一般項の利用

$\left(x+\dfrac{2}{x^2}\right)^9$ の展開式における，定数項を求めよ。

[解答]　この展開式の一般項は，

$${}_9C_r x^{9-r}\left(\dfrac{2}{x^2}\right)^r = {}_9C_r \times 2^r \times x^{9-r} \times \dfrac{1}{x^{2r}} = {}_9C_r \times 2^r \times x^{9-3r}$$

定数項であるから，$9-3r=0$ より，$r=3$

ゆえに，${}_9C_3 \times 2^3 = \dfrac{9\times 8\times 7}{3\times 2\times 1}\times 8 = 672$

参考　$(a+b)^n$ を展開するとき，次の**指数法則**を使うと計算がしやすくなる。
指数 m, n が自然数のとき，次の指数法則が成り立つ。

① $a^m \times a^n = a^{m+n}$　　② $(a^m)^n = a^{mn}$　　③ $(ab)^n = a^n b^n$

④ $a^m \div a^n = \begin{cases} a^{m-n} & (m>n \text{ のとき}) \\ 1 & (m=n \text{ のとき}) \\ \dfrac{1}{a^{n-m}} & (m<n \text{ のとき}) \end{cases}$　　⑤ $\left(\dfrac{a}{b}\right)^n = \dfrac{a^n}{b^n}$

（ただし，$a\neq 0$）　　　　　　　　　　　　　　（ただし，$b\neq 0$）

それでは，$a\neq 0, b\neq 0$ で，指数 m, n が整数のときについて考えてみる。
$a\neq 0$ で，0 や負の整数を指数とする累乗を

$a^0 = 1$

$a^{-n} = \dfrac{1}{a^n}$（n は自然数）

と定義すると，上の④は1つにまとめて $a^m \div a^n = a^{m-n}$ となる。
たとえば，$x^2 \div x^5 = x^{2-5} = x^{-3}$ である。
したがって，次の指数法則が成り立つ。
$a\neq 0, b\neq 0$ で，m, n が整数のとき，

$a^m \times a^n = a^{m+n}$　　　　$(a^m)^n = a^{mn}$　　　　$(ab)^n = a^n b^n$

$a^m \div a^n = a^{m-n}$　　　　　　　　　　　　$\left(\dfrac{a}{b}\right)^n = \dfrac{a^n}{b^n}$

演習問題

46　次の問いに答えよ。

(1) $\left(x^3 + \dfrac{1}{x}\right)^{12}$ の展開式における，定数項を求めよ。

(2) $\left(2x - \dfrac{1}{x}\right)^7$ の展開式における，x の係数を求めよ。

47 $\left(ax+\dfrac{2}{a^2x}\right)^{10}$ の展開式において，x^2 の係数は 560 である。次の問いに答えよ。ただし，$a>0$ とする。

(1) a の値を求めよ。

(2) x^{-6} の係数を求めよ。

● 二項定理から得られる等式

二項定理の等式
$$(a+b)^n = {}_nC_0 a^n + {}_nC_1 a^{n-1}b + {}_nC_2 a^{n-2}b^2 + \cdots + {}_nC_r a^{n-r}b^r + \cdots + {}_nC_n b^n$$
において，a，b に数値を代入することにより，いろいろな等式が得られる。

(1) $a=b=1$ のとき，左辺は $(1+1)^n = 2^n$ であるから，
$${}_nC_0 + {}_nC_1 + {}_nC_2 + \cdots + {}_nC_r + \cdots + {}_nC_n = 2^n$$

(2) $a=1$，$b=-1$ のとき，左辺は $(1-1)^n = 0$ であるから，
$${}_nC_0 - {}_nC_1 + {}_nC_2 - \cdots + {}_nC_r(-1)^r + \cdots + {}_nC_n(-1)^n = 0$$

(3) $a+b=1$ のとき，左辺は $(a+b)^n = 1$ であるから，
$${}_nC_0 a^n + {}_nC_1 a^{n-1}b + {}_nC_2 a^{n-2}b^2 + \cdots + {}_nC_r a^{n-r}b^r + \cdots + {}_nC_n b^n = 1$$

例題16　二項定理の利用

$(1+x)^n$ の展開式を利用して，次の問いに答えよ。ただし，n は自然数とする。

(1) ${}_nC_1 + {}_nC_2 + \cdots\cdots + {}_nC_r + \cdots\cdots + {}_nC_n = 511$ を満たす n を求めよ。

(2) 31^{37} を 900 で割ったときの余りを求めよ。

[解答] (1) ${}_nC_0 + {}_nC_1 + {}_nC_2 + \cdots\cdots + {}_nC_r + \cdots\cdots + {}_nC_n = 2^n$ であるから，
$${}_nC_1 + {}_nC_2 + \cdots\cdots + {}_nC_r + \cdots\cdots + {}_nC_n = 2^n - {}_nC_0 = 2^n - 1$$
よって，$2^n - 1 = 511 \quad 2^n = 512 \quad 512 = 2^9$
ゆえに，$n=9$

(2) $31^{37} = (1+30)^{37} = {}_{37}C_0 + {}_{37}C_1 \times 30 + {}_{37}C_2 \times 30^2 + \cdots\cdots + {}_{37}C_{37} \times 30^{37}$

${}_{37}C_2 \times 30^2 + \cdots\cdots + {}_{37}C_{37} \times 30^{37}$ は 900 で割り切れるので，31^{37} を 900 で割ったときの余りは，${}_{37}C_0 + {}_{37}C_1 \times 30 = 1111$ を 900 で割ったときの余りに等しい。

ゆえに，211

演習問題

48 次の式の値を求めよ。

(1) $_nC_0\left(\dfrac{1}{3}\right)^n+{}_nC_1\left(\dfrac{1}{3}\right)^{n-1}\left(\dfrac{2}{3}\right)+\cdots+{}_nC_r\left(\dfrac{1}{3}\right)^{n-r}\left(\dfrac{2}{3}\right)^r+\cdots+{}_nC_n\left(\dfrac{2}{3}\right)^n$

(2) $_nC_0+2\,{}_nC_1+2^2\,{}_nC_2+\cdots+2^r\,{}_nC_r+\cdots+2^n\,{}_nC_n$

(3) $2^n\,{}_nC_0-2^{n-1}\,{}_nC_1+2^{n-2}\,{}_nC_2-2^{n-3}\,{}_nC_3+\cdots$
$\qquad\qquad\qquad\qquad +2^{n-r}(-1)^r\,{}_nC_r+\cdots+(-1)^n\,{}_nC_n$

49 n が奇数のとき,$(1+x)^n$ の展開式を利用して,
$_nC_0+{}_nC_2+{}_nC_4+\cdots\cdots+{}_nC_{n-1}={}_nC_1+{}_nC_3+{}_nC_5+\cdots\cdots+{}_nC_n=2^{n-1}$ となることを証明せよ。

50 次の問いに答えよ。

(1) 13^5 の下 3 桁の数を求めよ。

(2) 201^{20} の万の位の数字を求めよ。

例題17 ★　係数の関係

$(x+1)^n$ の展開式において,x^{10},x^{12} の係数をそれぞれ a_{10},a_{12} とするとき,$a_{10}=a_{12}$ となる n の値を求めよ。ただし,n は自然数とする。

解答 $a_{10}=a_{12}$ であるから,${}_nC_{10}={}_nC_{12}$

よって,$\dfrac{n!}{10!(n-10)!}=\dfrac{n!}{12!(n-12)!}$

両辺を $n!$ で割って,$\dfrac{1}{10!(n-10)!}=\dfrac{1}{12!(n-12)!}$

両辺に $12!(n-10)!$ を掛けて,$12\times 11=(n-10)(n-11)$

$n^2-21n-22=0 \qquad n=-1,\ 22 \qquad n$ は自然数

ゆえに,$n=22$

演習問題

51 ★　$(x+1)^n$ の展開式について,次の問いに答えよ。ただし,n は自然数とする。

(1) x,x^2 の係数をそれぞれ a_1,a_2 とするとき,$a_1+a_2=45$ となるような n の値を求めよ。

(2) x^8,x^9,x^{10} の係数をそれぞれ a_8,a_9,a_{10} とするとき,$a_{10}-a_9=a_9-a_8$ となるような n の値を求めよ。

研究 $(a+b+c)^n$ の展開

● $(a+b+c)^n$ の展開

$(a+b+c)^n$ の展開式における一般項は，
$$\frac{n!}{p!q!r!}a^p b^q c^r \qquad ただし，p+q+r=n$$

例 $(x+3y-z)^6$ の展開式における，x^3y^2z の係数を求める。

$$\frac{6!}{3!2!1!}x^3(3y)^2(-z) = -\frac{6!}{3!2!1!} \times 3^2 x^3 y^2 z$$

ゆえに，$-\dfrac{6!}{3!2!1!} \times 3^2 = -540$

例題18★ $(a+b+c)^n$ の展開

$(x^2-x+2)^5$ の展開式における，x^5 の係数を求めよ。

解答 この展開式の一般項は，

$$\frac{5!}{p!q!r!}(x^2)^p(-x)^q 2^r = \frac{5!}{p!q!r!} \times (-1)^q \times 2^r \times x^{2p+q} \qquad ただし，p+q+r=5$$

$x^{2p+q}=x^5$ より，$2p+q=5$

p, q は 0 以上の整数より，$p=0, 1, 2$

よって，$(p, q, r)=(0, 5, 0), (1, 3, 1), (2, 1, 2)$

ゆえに，$\dfrac{5!}{0!5!0!} \times (-1)^5 + \dfrac{5!}{1!3!1!} \times (-1)^3 \times 2 + \dfrac{5!}{2!1!2!} \times (-1) \times 2^2 = -161$

演習問題

52 $(2x-y+3z)^6$ の展開式における，x^2y^3z の係数を求めよ。

53★ $(2x^2+x-1)^7$ の展開式における，x^7 の係数を求めよ。

総合問題

1 0, 1, 2, 3, 4 の 5 つの数から, 異なる 4 つの数を使って 4 桁の整数をつくる。
(1) 整数は何個できるか。
(2) 3 の倍数は何個できるか。
(3) 整数を小さい順に並べたとき,
　① 50 番目の整数は何か。
　② 3140 は何番目の数か。

2 赤球 4 個, 白球 3 個, 青球 2 個の計 9 個の球を, 1 列に並べる。
(1) 並べ方は何通りあるか。
(2) 白球 3 個が互いに隣り合うとき, 並べ方は何通りあるか。
(3) 赤球どうしが隣り合わないとき, 並べ方は何通りあるか。

3 次の正多面体の面を, すべて異なる色で塗り分ける。ただし, 回転させると一致する塗り方は, 同じ塗り方とする。
(1) 正四面体の 4 つの面を 4 色で塗るとき, 塗り分け方は何通りあるか。
(2) 立方体の 6 つの面を 6 色で塗るとき, 塗り分け方は何通りあるか。

4 100 円, 50 円, 10 円の 3 種類の硬貨を, どれも少なくとも 1 枚は使って 420 円支払う方法は何通りあるか。ただし, 使用できる硬貨は 15 枚以下とする。

5 右の図のように, すべて長方形に区画された道路を, A 地点から B 地点まで遠回りをしないで行く。
(1) 行き方は何通りあるか。
(2) P, Q の両方の地点を通る行き方は何通りあるか。
(3) P 地点も Q 地点もどちらも通行することができないとき, 行き方は何通りあるか。

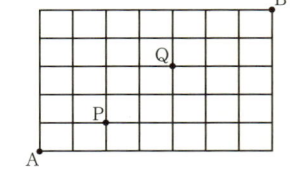

6 7 人の生徒を次のような組に分けるとき, 分け方は何通りあるか。
(1) A 組 2 人, B 組 2 人, C 組 2 人, D 組 1 人の 4 つの組に分ける。
(2) 2 人, 2 人, 2 人, 1 人の 4 つの組に分ける。
(3) 4 つの組に分ける。

7 右の図のように，座標平面上に 16 個の格子点があるとき，次の問いに答えよ。ただし，x 座標と y 座標がともに整数である点を格子点という。
(1) 16 個の格子点から 3 個を選ぶとき，
 ① 選び方は何通りあるか。
 ② 選ばれた 3 個の格子点が，x 軸または y 軸に平行に並ぶ場合は何通りあるか。
 ③ 選ばれた 3 個の格子点を頂点とする，三角形は何個できるか。
(2) 16 個の格子点から 4 個を選ぶとき，
 ① 選ばれた 4 個の格子点を頂点とし，各辺が x 軸または y 軸と平行な正方形は何個できるか。
 ② 選ばれた 4 個の格子点を頂点とする，正方形は何個できるか。

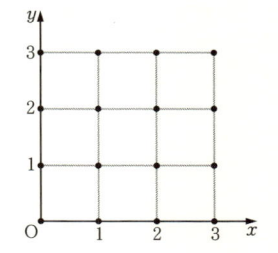

8 正十二角形の，異なる 3 つの頂点を結んで三角形をつくる。
(1) 鈍角三角形は何個できるか。
(2) 直角三角形は何個できるか。
(3) 二等辺三角形（正三角形を含む）は何個できるか。

9 赤球 7 個，白球 5 個の計 12 個の球を，A，B，C の 3 つの箱に入れる。
(1) 赤球 7 個だけを 3 つの箱に入れるとき，入れ方は何通りあるか。ただし，球が入らない箱があってもよいものとする。
(2) 赤球 7 個と白球 5 個を 3 つの箱に入れるとき，入れ方は何通りあるか。ただし，球が入らない箱があってもよいものとする。
(3) どの箱にも少なくとも 1 個の球は入れるとき，赤球 7 個と白球 5 個を 3 つの箱に入れると，入れ方は何通りあるか。

10 次の問いに答えよ。
(1) $(2x-1)^7$ の展開式における，x^4 の係数を求めよ。
(2) $(x^2+x)^6$ の展開式における，x^8 の係数を求めよ。
(3) $\left(3x^2-\dfrac{1}{x}\right)^5$ の展開式における，x^4 の係数を求めよ。
(4) $\left(ax^2+\dfrac{1}{x^3}\right)^6$ の展開式において，$\dfrac{1}{x^8}$ の係数が 60 であるとき，a の値を求めよ。

3章 確率

1 事象と確率

ある事柄の起こりやすさの度合いを，数値で表すことについて考える。

1 試行と事象

「さいころを投げる」，「くじを引く」のように，同じ条件のもとで何回もくり返すことができ，その結果が偶然に支配されるような実験や観測などを**試行**といい，試行の結果として起こる事柄を**事象**という。

一般に，ある1つの試行において，起こり得る事象の全体を集合 U で表し，この U を**全事象**という。また，U の1つの要素だけからなる，U の部分集合で表される事象を**根元事象**という。すべての事象は，いくつかの根元事象からできている。

なお，根元事象を1つも含まないものも事象と考え，この事象を**空事象**といい，空集合と同じ記号 $\emptyset$ で表す。空事象は決して起こらない事象である。

例 1個のさいころを投げる試行において，たとえば1の目が出ることを単に1で表すことにすると，
全事象 U は $\{1, 2, 3, 4, 5, 6\}$ と表され，
根元事象は6つあり，$\{1\}$，$\{2\}$，$\{3\}$，$\{4\}$，$\{5\}$，$\{6\}$ と表される。
また，3の倍数が出る事象を A とし，偶数が出る事象を B とすると，
$A = \{3, 6\}$, $\qquad B = \{2, 4, 6\}$
と表される。

2 事象の確率

1つの試行において，事象 A の起こることが期待される割合を**事象 A の起こる確率**といい，$P(A)$ で表す。

また，どの根元事象が起こることも同じ程度に期待できるとき，これらの根元事象は**同様に確からしい**という。

全事象 U のどの根元事象も同様に確からしいとき，全事象 U のすべての根元事象の個数を $n(U)$ とし，事象 A に含まれる根元事象の個数を $n(A)$ とすると，事象 A の確率は次のページのように定められる。

●事象 A の確率

$$P(A) = \frac{n(A)}{n(U)} = \frac{事象 A の起こる場合の数}{起こり得るすべての場合の数}$$

注意 以下，この本での試行においては，全事象 U におけるすべての根元事象は同様に確からしいものとする。

例題1　確率の計算①

赤球2個，青球3個，白球4個の計9個の球が入った袋から，同時に3個の球を取り出すとき，次の確率を求めよ。
(1)　3個とも異なる色の球である確率
(2)　赤球が取り出される確率

解答　9個の球から3個の球を取り出す場合の数は，${}_9C_3$ 通りである。

(1)　取り出された3個の球が異なる色である場合の数は，${}_2C_1 \times {}_3C_1 \times {}_4C_1$（通り）

　　ゆえに，求める確率は　$\dfrac{{}_2C_1 \times {}_3C_1 \times {}_4C_1}{{}_9C_3} = \dfrac{24}{84} = \dfrac{2}{7}$

(2)　赤球が2個である場合の数は，${}_2C_2 \times {}_7C_1$（通り）
　　赤球が1個である場合の数は，${}_2C_1 \times {}_7C_2$（通り）

　　ゆえに，求める確率は　$\dfrac{{}_2C_2 \times {}_7C_1 + {}_2C_1 \times {}_7C_2}{{}_9C_3} = \dfrac{7+42}{84} = \dfrac{7}{12}$

演習問題

1　赤球4個，白球3個の計7個の球が入った袋から，同時に3個の球を取り出すとき，赤球2個と白球1個が出る確率を求めよ。

2　1から15までの整数が1つずつ書いてある15枚のカードの中から，同時に2枚のカードを引くとき，引いたカードに書いてある数について，次の確率を求めよ。
(1)　2枚のカードに書いてある数の和が奇数になる確率
(2)　2枚のカードに書いてある数の積が奇数になる確率

3　ジョーカーを除く52枚のトランプの中から，同時に2枚のカードを引くとき，次の確率を求めよ。
(1)　2枚とも絵札である確率
(2)　1枚が絵札である確率

4 赤球 5 個，黒球 4 個，白球 3 個の計 12 個の球が入った袋から，同時に 3 個の球を取り出すとき，次の確率を求めよ。
(1) 3 個とも異なる色の球である確率
(2) 取り出した球の色が 2 種類である確率

5 1 から 7 までの整数が 1 つずつ書いてある 7 枚のカードの中から，3 枚のカードを引く。引いた順にカードを並べて 3 桁の整数をつくるとき，次の確率を求めよ。
(1) つくった整数が奇数になる確率
(2) つくった整数が 453 より大きくなる確率

例題2　確率の計算②
男子 4 人，女子 3 人の計 7 人が 1 列に並ぶとき，次の確率を求めよ。
(1) 列の中央が男子である確率
(2) 女子 3 人が隣り合う確率
(3) 男子が隣り合わない確率

解説 (3) 男子が隣り合わないのは，4 人の男子の間に女子 3 人が並ぶ場合である。

解答 7 人が 1 列に並ぶから，並び方は 7! 通りある。

(1) 列の中央に男子が並ぶのは $_4P_1$ 通りあり，そのそれぞれに対して，残りの 6 人の並び方は 6! 通り
　　よって，列の中央が男子となる並び方は，$_4P_1 \times 6!$（通り）
　　ゆえに，求める確率は $\dfrac{_4P_1 \times 6!}{7!} = \dfrac{4}{7}$

(2) 女子 3 人をひとまとめにして 1 人と考えると，5 人の並び方は 5! 通りあり，そのそれぞれに対して，女子 3 人の並び方は 3! 通り
　　よって，女子 3 人が隣り合う並び方は，$5! \times 3!$（通り）
　　ゆえに，求める確率は $\dfrac{5! \times 3!}{7!} = \dfrac{1}{7}$

(3) 男子 4 人の並び方は 4! 通りあり，そのそれぞれに対して，女子 3 人は 3 か所ある男子の間に並べばよいから，並び方は 3! 通り
　　よって，男子が隣り合わない並び方は，$4! \times 3!$（通り）
　　ゆえに，求める確率は $\dfrac{4! \times 3!}{7!} = \dfrac{1}{35}$

演習問題

6 男子 4 人，女子 3 人の計 7 人が 1 列に並ぶとき，次の確率を求めよ。
(1) 女子が両端にいる確率
(2) 男子 4 人が隣り合う確率
(3) 女子が隣り合わない確率

7 A 組から 2 人，B 組から 2 人，C 組から 2 人の計 6 人の生徒が 1 列に並ぶとき，次の確率を求めよ。
(1) 6 人の生徒が A 組，B 組，C 組の順に並ぶ確率
(2) 同じ組の生徒が隣り合う確率

8 男子 5 人，女子 4 人の計 9 人が円形のテーブルのまわりに座るとき，次の確率を求めよ。
(1) 女子が隣り合わない確率
(2) 女子 4 人が 2 人ずつに分かれて男子の間に座る確率

例題3　確率の計算③

A，B，C，D の 4 人でじゃんけんを 1 回するとき，次の確率を求めよ。
(1) A だけが勝つ確率
(2) 2 人だけが勝つ確率
(3) 勝負がつかない確率

解説 (2) はじめに 4 人の中から，勝つ 2 人の決め方が何通りあるかを考えて，つぎに勝つ手の出し方が何通りあるかを考える。
(3) 勝負がつかないのは，「4 人が同じ手を出したとき」と「出した手が 3 種類あるとき」の 2 通りの場合である。

解答 じゃんけんの手の出し方は 1 人につき 3 通りあるから，4 人の手の出し方は 3^4 通りある。

(1) A の手の出し方は 3 通り

ゆえに，求める確率は $\dfrac{3}{3^4} = \dfrac{1}{27}$

(2) 4 人の中から勝つ 2 人の決め方は $_4C_2$ 通りあり，そのそれぞれに対して，その 2 人が勝つ手の出し方は 3 通り

よって，2 人が勝つ場合の数は，$_4C_2 \times 3$（通り）

ゆえに，求める確率は $\dfrac{_4C_2 \times 3}{3^4} = \dfrac{6 \times 3}{3^4} = \dfrac{2}{9}$

(3) 勝負がつかないのは,「4人が同じ手を出したとき」と「出した手が3種類あるとき」の2通りの場合である。

「4人が同じ手を出したとき」の場合は,手の出し方は3通り

「出した手が3種類あるとき」の場合は,同じ手を出す2人の決め方は $_4C_2=6$（通り）あり,手の出し方は6通りあるから,$6\times 6=36$（通り）

ゆえに,求める確率は $\dfrac{3+36}{3^4}=\dfrac{13}{27}$

[別解] (3) 勝負がつくのは,2種類の手だけが出た場合である。

この場合,4人にはそれぞれ2通りの手の出し方があるが,全員が同じ手を出すと勝負がつかないことを考えると,

勝負がつく確率は,$\dfrac{3(2^4-2)}{3^4}=\dfrac{14}{27}$

ゆえに,求める確率は $1-\dfrac{14}{27}=\dfrac{13}{27}$

演習問題

9 5人でじゃんけんを1回するとき,次の確率を求めよ。
(1) 1人だけが勝つ確率
(2) 2人だけが勝つ確率
(3) 勝負がつかない確率

10 n人でじゃんけんを1回するとき,次の確率をnを用いて表せ。
(1) $n \geq 3$ のとき,2人だけが勝つ確率
(2) 勝負がつかない確率

2 確率の性質

1 いろいろな事象

● 和事象

一般に，事象 A または事象 B が起こるという事象を，A と B の **和事象** といい，$A \cup B$ で表す。

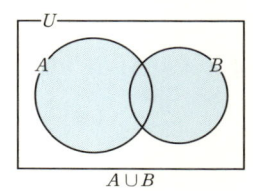

● 積事象

一般に，事象 A と事象 B がともに起こるという事象を，A と B の **積事象** といい，$A \cap B$ で表す。

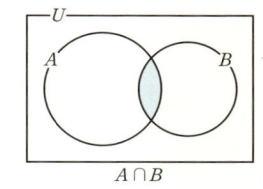

なお，一般に，2つの事象 A，B が同時に起こることがないとき，A と B は互いに **排反** である，または，A と B は **排反事象** であるという。このとき，$A \cap B = \varnothing$ である。

また，3つ以上の事象については，そのうちのどの2つの事象も互いに排反であるとき，これらの事象は互いに **排反** であるという。

例　3つの事象 A，B，C において，
$A \cap B = \varnothing$，$B \cap C = \varnothing$，$C \cap A = \varnothing$
のとき，A，B，C は互いに排反である。

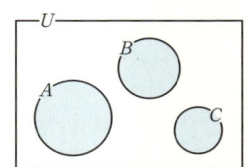

● 余事象

事象 A が起こらないという事象を，A の **余事象** といい，$\overline{A}$ で表す。

例　1個のさいころを投げるとき，全事象を U とすると，$U = \{1, 2, 3, 4, 5, 6\}$ である。
「3の倍数の目が出る」という事象を A とし，「偶数の目が出る」という事象を B とすると，
$A = \{3, 6\}$，$B = \{2, 4, 6\}$ であり，
A，B の余事象はそれぞれ $\overline{A} = \{1, 2, 4, 5\}$，$\overline{B} = \{1, 3, 5\}$ となる。
また，A と $\overline{A}$，B と $\overline{B}$ は，それぞれ互いに排反である。

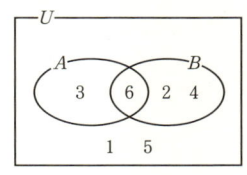

2 確率の基本性質

ある試行において,その全事象を U,空事象を $\emptyset$,任意の2つの事象を A,B とする。

事象 U,A,B の根元事象の個数を $n(U)$,$n(A)$,$n(B)$ で表すと,
$$0 \leq n(A) \leq n(U)$$
この式の各辺を $n(U)$ で割ると,
$$0 \leq \frac{n(A)}{n(U)} \leq 1$$
よって,$0 \leq P(A) \leq 1$ が成り立つ。

とくに,$P(U)=1$,$P(\emptyset)=0$ である。

つぎに,和事象 $A \cup B$ と積事象 $A \cap B$ について,
$$n(A \cup B) = n(A) + n(B) - n(A \cap B)$$
この等式の両辺を $n(U)$ で割ると,
$$P(A \cup B) = P(A) + P(B) - P(A \cap B)$$
が成り立つ。

とくに,A と B が排反事象,すなわち $A \cap B = \emptyset$ のとき,$P(A \cap B) = 0$ より,
$$P(A \cup B) = P(A) + P(B)$$
である。

また,$A \cup \overline{A} = U$,$A \cap \overline{A} = \emptyset$,$P(U) = 1$ であるから,
$$1 = P(A) + P(\overline{A})$$
よって,$P(\overline{A}) = 1 - P(A)$ が成り立つ。

以上のことから,次の**確率の基本性質**が成り立つ。

●確率の基本性質

1. 任意の事象 A に対して 　$0 \leq P(A) \leq 1$
2. 全事象 U の確率　　　　　$P(U) = 1$
3. 空事象 $\emptyset$ の確率　　　　　$P(\emptyset) = 0$
4. 事象 A,B において　　　$P(A \cup B) = P(A) + P(B) - P(A \cap B)$
   事象 A,B において,
   $A \cap B = \emptyset$ のとき　　　$P(A \cup B) = P(A) + P(B)$
5. 事象 A の余事象 $\overline{A}$ の確率　$P(\overline{A}) = 1 - P(A)$

上の性質は,どれも確率の定義から導かれる大切な性質である。
なお,4 の性質を**確率の加法定理**,5 の性質を**余事象の定理**ということがある。

例題4　基本性質の利用①

白球3個，赤球5個の計8個の球が袋に入っている。次の確率を求めよ。
(1) 袋から同時に3個の球を取り出すとき，白球と赤球がともに取り出される確率
(2) 袋から同時に4個の球を取り出すとき，白球と赤球がともに取り出される確率

[解説] (1) 「白球と赤球がともに取り出される」は，互いに排反である2つの事象「白球1個，赤球2個が取り出される」と「白球2個，赤球1個が取り出される」の和事象で表される。

(2) 「白球と赤球がともに取り出される」は，「4個とも赤球が取り出される」という事象 C の余事象 $\overline{C}$ で表される。

[解答] (1) 8個から3個を取り出す場合の数は，$_8C_3 = 56$（通り）

「白球1個，赤球2個が取り出される」事象を A とし，「白球2個，赤球1個が取り出される」事象を B とする。

A が起こる場合の数は，$_3C_1 \times _5C_2 = 3 \times 10 = 30$（通り）

B が起こる場合の数は，$_3C_2 \times _5C_1 = 3 \times 5 = 15$（通り）

「白球と赤球がともに取り出される」は，互いに排反である A と B の和事象 $A \cup B$ である。

ゆえに，求める確率は　$P(A \cup B) = P(A) + P(B) = \dfrac{30}{56} + \dfrac{15}{56} = \dfrac{45}{56}$

(2) 8個から4個を取り出す場合の数は，$_8C_4 = 70$（通り）

「4個とも赤球が取り出される」事象を C とすると，「白球と赤球がともに取り出される」は，C の余事象 $\overline{C}$ である。

C が起こる場合の数は，$_5C_4 = 5$（通り）

ゆえに，求める確率は　$P(\overline{C}) = 1 - P(C) = 1 - \dfrac{5}{70} = \dfrac{13}{14}$

[別解] (1) 8個から3個を取り出す場合の数は，$_8C_3 = 56$（通り）

「3個とも同じ色の球が取り出される」事象を D とすると，求める確率は，D の余事象 $\overline{D}$ の確率である。

3個とも白球が取り出される場合の数は，$_3C_3$ 通り

3個とも赤球が取り出される場合の数は，$_5C_3$ 通り

よって，D が起こる場合の数は，$_3C_3 + _5C_3 = 1 + 10 = 11$（通り）

ゆえに，求める確率は　$P(\overline{D}) = 1 - P(D) = 1 - \dfrac{11}{56} = \dfrac{45}{56}$

演習問題

11 当たりくじ4本を含む12本のくじから，同時に4本のくじを引くとき，次の確率を求めよ。
(1) 3本以上当たる確率
(2) 少なくとも1本は当たる確率

12 白球2個，赤球4個，青球3個の計9個の球が入った袋から，同時に3個の球を取り出すとき，次の確率を求めよ。
(1) 白球と赤球がともに取り出される確率
(2) 青球が少なくとも1個は取り出される確率

13 大，中，小の3個のさいころを同時に投げる。出た目の数をそれぞれ a，b，c とするとき，次の確率を求めよ。
(1) 3辺の長さが a, b, c の正三角形をつくることができる確率
(2) 3辺の長さが a, b, c の直角三角形をつくることができる確率
(3) 3辺の長さが a, b, c の二等辺三角形（正三角形を含む）をつくることができる確率
(4) 3辺の長さが a, b, c の三角形をつくることができない確率

例題5　基本性質の利用②

1から70までの整数が1つずつ書いてある70枚のカードの中から，1枚のカードを引くとき，引いたカードに書いてある数について，次の確率を求めよ。
(1) 3の倍数である確率
(2) 3の倍数，または5の倍数である確率
(3) 15で割り切れない確率

[解説]　「3の倍数である」事象を A とし，「5の倍数である」事象を B とすると，(1)は $P(A)$，(2)は $P(A \cup B)$，(3)は $P(\overline{A \cap B})$ である。

[解答]　全事象を U とし，「3の倍数である」事象を A，「5の倍数である」事象を B とすると，$n(U)=70$

(1) $70 \div 3 = 23$ 余り 1 より，$n(A)=23$

ゆえに，求める確率は　$P(A) = \dfrac{23}{70}$

(2) 「3の倍数,または5の倍数である」事象は $A \cup B$ であり,「3の倍数,かつ5の倍数である」事象は $A \cap B$ である。
$70 \div 5 = 14$ より,$n(B) = 14$
$A \cap B$ の要素は15の倍数であるから,
$70 \div 15 = 4$ 余り 10 より,$n(A \cap B) = 4$
ゆえに,求める確率は
$$P(A \cup B) = P(A) + P(B) - P(A \cap B) = \frac{23}{70} + \frac{14}{70} - \frac{4}{70} = \frac{33}{70}$$
(3) 「15で割り切れない」事象は,$A \cap B$ の余事象である。
ゆえに,求める確率は $P(\overline{A \cap B}) = 1 - P(A \cap B) = 1 - \frac{4}{70} = \frac{33}{35}$

演習問題

14 1から9までの整数が1つずつ書いてある9個の球が入った袋から,同時に2個の球を取り出し,球に書いてある数を確認する。このとき,取り出した球に書いてある2つの数の差が2以下であるか,または,2つの数の積が偶数である確率を求めよ。

15 右の図のように,すべて長方形に区画された道路を,A地点からB地点まで遠回りをしないで行く。
(1) 行き方は何通りあるか。
(2) M地点を通る確率を求めよ。
(3) M地点,またはN地点を通る確率を求めよ。
(4) R地点を通らない確率を求めよ。

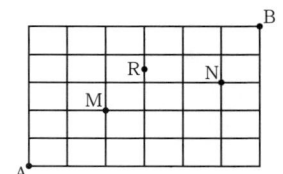

16 A,B,Cの3人が1個のさいころをそれぞれ投げるとき,次の確率を求めよ。
(1) 3人が出した目の数が互いに異なる確率
(2) 3人が出した目の数の積が3の倍数になる確率
(3) 3人が出した目の数の積が6の倍数になる確率

17 4個のさいころを同時に投げて,出た目の数の積を a とするとき,次の確率を求めよ。
(1) $a = 30$ となる確率
(2) a が10と互いに素になる確率
(3) a が10の倍数である確率

3 独立な試行の確率

1 試行の独立

はじめにさいころを投げてから，つぎに硬貨を投げるという2つの試行において，さいころを投げる試行でどのような目が出ようとも，それが硬貨を投げる試行での，表または裏の出方には何も影響を与えない。

このように，2つの試行において，それぞれの結果の起こり方が互いに影響を与えないとき，この2つの試行は**独立**であるという。

たとえば，当たりくじ3本を含む10本のくじから，A，Bの2人がこの順にくじを1本ずつ引くとき，次の2つの場合について，2つの試行が独立であるか，独立ではないかを考えてみる。

(1)「**Aが引いた後，引いたくじをもとに戻してからBが引く試行**」の場合
　この場合は，Aの試行の結果がBの試行の結果には影響を与えない。
　よって，Aの試行とBの試行は独立である。

(2)「**Aが引いた後，引いたくじをもとに戻さないでBが引く試行**」の場合
　この場合は，Aが当たりくじを引いたときと，はずれくじを引いたときとでは，残りの当たりくじの本数が異なるため，Bの試行の結果に影響を与える。
　よって，Aの試行とBの試行は独立ではない。

問1　次の2つの試行は独立であるか。
(1)　「白球3個，赤球4個が入った袋Aから球を1個取り出す試行」と「白球4個，赤球3個が入った袋Bから球を1個取り出す試行」
(2)　さいころを2回続けて投げるとき，「さいころを1回目に投げる試行」と「さいころを2回目に投げる試行」
(3)　白球5個，赤球3個が入った袋から球を1個取り出し，これを袋に戻さないでもう1個取り出すとき，「1回目に球を取り出す試行」と「2回目に球を取り出す試行」

2 独立な試行の確率

● 2つの独立な試行

独立な試行の確率について，次のことが成り立つ。

> **●独立な試行の確率**
> 2つの試行 T_1，T_2 が独立であるとき，T_1 で事象 A が起こり，T_2 で事象 B が起こる確率は，$\boldsymbol{P(A) \times P(B)}$

例題6　独立な試行の確率

袋Aには白球2個，赤球3個，袋Bには白球3個，赤球4個が入っている。次の確率を求めよ。

(1) A，Bの袋から球を1個ずつ取り出すとき，同じ色の球を取り出す確率

(2) A，Bの袋から球を2個ずつ取り出すとき，取り出された白球の個数が，Aから取る方がBから取るよりも多い確率

解答　袋Aから球を取り出す試行と，袋Bから球を取り出す試行は独立である。

(1) 袋Aから白球を取り出す確率は $\dfrac{2}{5}$，赤球を取り出す確率は $\dfrac{3}{5}$

袋Bから白球を取り出す確率は $\dfrac{3}{7}$，赤球を取り出す確率は $\dfrac{4}{7}$

ゆえに，求める確率は　$\dfrac{2}{5} \times \dfrac{3}{7} + \dfrac{3}{5} \times \dfrac{4}{7} = \dfrac{18}{35}$

(2) 袋Bから白球が取り出されない場合，袋Aからは少なくとも1個の白球を取り出せばよい。

袋Bから白球が取り出されない確率は，$\dfrac{{}_4C_2}{{}_7C_2} = \dfrac{2}{7}$

袋Aから少なくとも1個の白球を取り出す確率は，$1 - \dfrac{{}_3C_2}{{}_5C_2} = 1 - \dfrac{3}{10} = \dfrac{7}{10}$

つぎに，袋Bから1個の白球が取り出される場合，袋Aからは2個の白球を取り出せばよい。

袋Bから1個の白球を取り出す確率は，$\dfrac{{}_3C_1 \times {}_4C_1}{{}_7C_2} = \dfrac{4}{7}$

袋Aから2個の白球を取り出す確率は，$\dfrac{{}_2C_2}{{}_5C_2} = \dfrac{1}{10}$

ゆえに，求める確率は　$\dfrac{2}{7} \times \dfrac{7}{10} + \dfrac{4}{7} \times \dfrac{1}{10} = \dfrac{9}{35}$

演習問題

18 袋Aには赤球4個，白球2個，袋Bには赤球2個，白球3個が入っている。A，Bの袋から球を2個ずつ取り出すとき，Aから取り出された球の色の組合せと，Bから取り出された球の色の組合せが同じになる確率を求めよ。

19 A，Bの2人が1個のさいころをそれぞれ投げるとき，Aが投げて出るさいころの目の方が，Bが投げて出るさいころの目よりも小さくなる確率を求めよ。

● **3つ以上の独立な試行**

3つの試行 T_1，T_2，T_3 において，どの試行の結果も他の試行の結果には影響を与えないとき，これらの試行は**独立**であるという。

よって，試行 T_1，T_2，T_3 が独立であるとき，T_1 で事象 A が起こり，T_2 で事象 B が起こり，T_3 で事象 C が起こる確率は，

$$P(A) \times P(B) \times P(C)$$

である。

なお，4つ以上の独立な試行においても，同様な式が成り立つ。

例題7 3つ以上の独立な試行の確率

当たりくじ3本を含む12本のくじから，A，B，Cの3人がこの順にくじを1本ずつ引くとき，次の確率を求めよ。ただし，引いたくじはもとに戻すものとする。

(1) 1人だけが当たる確率
(2) 少なくとも1人が当たる確率

解答 Aがくじを引く試行を T_1，Bがくじを引く試行を T_2，Cがくじを引く試行を T_3 とする。引いたくじはもとに戻すので，試行 T_1，T_2，T_3 は独立である。

(1) くじを1本引くとき，

当たりくじを引く確率は $\dfrac{3}{12}=\dfrac{1}{4}$, はずれくじを引く確率は $\dfrac{9}{12}=\dfrac{3}{4}$

ゆえに，求める確率は $\dfrac{1}{4}\times\dfrac{3}{4}\times\dfrac{3}{4}+\dfrac{3}{4}\times\dfrac{1}{4}\times\dfrac{3}{4}+\dfrac{3}{4}\times\dfrac{3}{4}\times\dfrac{1}{4}=\dfrac{27}{64}$

(2) 3人全員がはずれる確率は，$\left(\dfrac{3}{4}\right)^3=\dfrac{27}{64}$

ゆえに，求める確率は $1-\dfrac{27}{64}=\dfrac{37}{64}$

演習問題

20 A，B，Cの3種類の種子があり，その発芽率はそれぞれ $\dfrac{2}{5}$，$\dfrac{3}{4}$，$\dfrac{2}{3}$ であるとする。これらの種子を1粒ずつまくとき，次の確率を求めよ。
(1) A，Bが発芽し，Cが発芽しない確率
(2) いずれか1つだけが発芽しない確率
(3) 少なくとも1つが発芽する確率

21 A，B，Cの3つの袋があり，Aには赤球2個，白球2個，Bには白球1個，青球3個，Cには赤球2個，白球1個，青球1個が入っている。A，B，Cの袋からそれぞれ球を1個ずつ取り出すとき，次の確率を求めよ。
(1) 取り出した球の色が1種類である確率
(2) 取り出した球の色が3種類である確率
(3) 取り出した球の色が2種類である確率

22 ある花の1個の球根が，1年後に2個，1個，0個（消滅）になる確率がそれぞれ $\dfrac{1}{3}$，$\dfrac{1}{2}$，$\dfrac{1}{6}$ であるとする。この1個の球根が，2年後に2個になっている確率を求めよ。

23 1と3の目がそれぞれ2つずつあり，2と4の目がそれぞれ1つずつある，1，2，3，4の目を持った6面のさいころがある。このさいころを，1の目以外の目が出るまで振り続けるとき，出た目の数の総和を X として，次の問いに答えよ。
(1) $X=6$ となるさいころの目の出方をすべてあげよ。
(2) $X=3$，$X=4$ となる確率をそれぞれ求めよ。
(3) n が4以上の自然数のとき，$X=n$ となる確率を n を用いて表せ。

4 反復試行の確率

「さいころを投げる」ということをくり返したり,「袋から球を取り出して,その取り出した球をもとの袋に戻す」ということをくり返すような,同じ条件のもとで同じ試行をくり返すとき,それらの試行は独立である。

このような独立な試行のくり返しを,**反復試行**という。

たとえば,1個のさいころを5回投げる反復試行で,3の倍数の目がちょうど2回出る事象の確率を求めてみる。

1個のさいころを投げて,3の倍数の目が出る事象を A とすると,

$$P(A) = \frac{1}{3}, \qquad P(\overline{A}) = 1 - \frac{1}{3} = \frac{2}{3}$$

右の表のように,5回の試行のうち,事象 A が2回起こる場合が何回目と何回目であるかについては,${}_5C_2$ 通りある。

そのうちの1つの場合の確率を考えてみると,事象 A が2回起こり,事象 A の余事象が3回起こり,各回の試行は独立であるから,

$$\left(\frac{1}{3}\right)^2 \left(\frac{2}{3}\right)^3$$

この確率をもつ場合が ${}_5C_2$ 通りあり,それらは互いに排反である。

1回目	2回目	3回目	4回目	5回目
○	○	×	×	×
○	×	○	×	×
○	×	×	○	×
○	×	×	×	○
×	○	○	×	×
×	○	×	○	×
⋮	⋮	⋮	⋮	⋮
×	×	×	○	○

○:3の倍数の目が出る
×:3の倍数の目が出ない

ゆえに,求める確率は

$${}_5C_2 \left(\frac{1}{3}\right)^2 \left(\frac{2}{3}\right)^3 = 10 \times \frac{8}{243} = \frac{80}{243}$$

となる。

一般に,反復試行の確率について,次のことが成り立つ。

●**反復試行の確率**

1回の試行で事象 A が起こる確率を p とする。この試行を n 回くり返すとき,事象 A がちょうど r 回起こる確率は,

$${}_nC_r p^r (1-p)^{n-r}$$

> **例** 赤球 2 個，白球 6 個が入った袋から球を 1 個取り出し，色を確認してから袋に戻す。このとき，1 回の試行で赤球の出る確率は $\dfrac{1}{4}$ である。
> この試行を 5 回くり返すとき，赤球をちょうど 2 回取り出す確率は，
> $${}_5C_2\left(\dfrac{1}{4}\right)^2\left(1-\dfrac{1}{4}\right)^{5-2} = {}_5C_2\left(\dfrac{1}{4}\right)^2\left(\dfrac{3}{4}\right)^3 = 10 \times \dfrac{27}{1024} = \dfrac{135}{512}$$

演習問題

24 次の確率を求めよ。
(1) 当たりくじ 4 本を含む 12 本のくじから 1 本を引き，結果を確認してからもとに戻す。この試行を 4 回くり返すとき，ちょうど 2 回当たりくじを引く確率
(2) 1 枚の硬貨を投げる試行を 6 回くり返すとき，ちょうど 4 回表が出る確率

なお，複数のさいころを同時に投げる場合についても，それぞれを独立な試行と考えて，くり返しさいころを投げる反復試行として扱ってもよい。

> **例** 4 個のさいころを同時に投げるとき，ちょうど 2 個のさいころの目が 1 である確率は，反復試行の確率を用いて，
> $${}_4C_2\left(\dfrac{1}{6}\right)^2\left(1-\dfrac{1}{6}\right)^{4-2} = {}_4C_2\left(\dfrac{1}{6}\right)^2\left(\dfrac{5}{6}\right)^2 = 6 \times \dfrac{25}{1296} = \dfrac{25}{216}$$

例題 8　反復試行の確率①

赤球 6 個，白球 2 個が入った袋から球を 1 個取り出し，色を確認してから袋に戻す。この試行を 5 回くり返すとき，次の確率を求めよ。
(1) 赤球が 4 回以上出る確率
(2) 5 回目に 2 度目の白球が出る確率

解答　(1) 1 回の試行で赤球の出る確率は $\dfrac{3}{4}$

赤球が 4 回以上出るのは，赤球がちょうど 4 回出る，または 5 回出る場合であり，この 2 つの事象は互いに排反である。
ゆえに，求める確率は
$${}_5C_4\left(\dfrac{3}{4}\right)^4\left(1-\dfrac{3}{4}\right)^{5-4} + \left(\dfrac{3}{4}\right)^5 = \dfrac{405}{1024} + \dfrac{243}{1024} = \dfrac{648}{1024} = \dfrac{81}{128}$$

(2) 1回の試行で白球が出る確率は $\dfrac{1}{4}$

4回目までに白球がちょうど1回出て，5回目に2度目の白球が出る。

ゆえに，求める確率は $\ _4C_1\left(\dfrac{1}{4}\right)\left(1-\dfrac{1}{4}\right)^{4-1}\times\dfrac{1}{4}=\dfrac{27}{256}$

演習問題

25 1枚の硬貨を投げる試行を6回くり返すとき，次の確率を求めよ。
(1) 表が3回出る確率
(2) 6回目に3度目の表が出る確率

26 赤球4個，白球2個が入った袋から球を1個取り出し，色を確認してから袋に戻す。この試行を5回くり返すとき，次の確率を求めよ。
(1) 4回目に2度目の白球が出る確率
(2) 白球がちょうど2回出て，それが続けて出る確率

27 A，Bの2チームが対戦し，先に3回勝った方を優勝とする。1回の試合でAが勝つ確率は $\dfrac{1}{3}$，Bが勝つ確率は $\dfrac{2}{3}$ とするとき，次の確率を求めよ。ただし，優勝が決まった後は対戦しないものとする。
(1) 4回試合をしたとき，2勝2敗である確率
(2) Aが優勝する確率

28 Aさんが3枚，Bさんが2枚の硬貨を投げるとき，次の確率を求めよ。
(1) Aさん，Bさんがともに同数の表を出す確率
(2) BさんがAさんよりも多くの表を出す確率
(3) AさんがBさんよりも多くの表を出す確率

29 n を4以上の自然数とする。次の規則にしたがって1個のさいころをくり返し投げる。

> 規則：出た目を毎回記録して，偶数の目が3回出るか，または，奇数の目が n 回出たところで，さいころを投げる操作を終わりにする。

このとき，次の問いに答えよ。
(1) さいころを3回投げて操作が終わる確率を求めよ。
(2) $n=4$ のとき，さいころを4回投げて操作が終わる確率を求めよ。
(3) さいころを n 回投げて操作が終わる確率を n を用いて表せ。
(4) 最後に奇数の目が出て操作が終わる確率を n を用いて表せ。

例題9　反復試行の確率②

数直線上の原点Oの位置にある点Pは，1枚の硬貨を投げて，表が出たときは正の向きに1だけ移動し，裏が出たときは負の向きに1だけ移動する。次の確率を求めよ。

(1) 硬貨を6回投げたとき，点Pが原点に戻っている確率
(2) 硬貨を6回投げたとき，6回目ではじめて点Pが原点に戻る確率

解説　6回のうち，表の出る回数をr回とすると，裏の出る回数は$(6-r)$回であるから，6回投げたときの数直線上の点Pの座標は$r+(-1)(6-r)$となる。

解答　(1) 硬貨を1回投げるとき，表の出る確率は$\dfrac{1}{2}$

6回のうち，表の出る回数をr回とすると，裏の出る回数は$(6-r)$回である。
点Pが原点に戻るから，$r+(-1)(6-r)=0$　　$r=3$

ゆえに，求める確率は　${}_6C_3\left(\dfrac{1}{2}\right)^3\left(\dfrac{1}{2}\right)^3=20\times\left(\dfrac{1}{2}\right)^3\times\left(\dfrac{1}{2}\right)^3=\dfrac{20}{64}=\dfrac{5}{16}$

(2) 硬貨を6回投げてはじめて点Pが原点に戻る場合について，硬貨の表裏を書き上げてみると，(表，表，表，裏，裏，裏)，(表，表，裏，表，裏，裏)，(裏，裏，裏，表，表，表)，(裏，裏，表，裏，表，表)の4通りある。

ゆえに，求める確率は　$4\times\left(\dfrac{1}{2}\right)^3\left(\dfrac{1}{2}\right)^3=\dfrac{4}{64}=\dfrac{1}{16}$

別解　(2) n回のうち，表の出る回数をr回とすると，裏の出る回数は$(n-r)$回である。

点Pが原点に戻るとき，$r+(-1)(n-r)=0$　より，$2r=n$　　$r=\dfrac{n}{2}$

rが正の整数であるから，nが偶数のときに点Pは原点に戻る。
したがって，6回のうち，2回目と4回目に点Pは原点に戻ることがある。

点Pが原点を出発して2回目に原点に戻る確率は，${}_2C_1\left(\dfrac{1}{2}\right)\left(\dfrac{1}{2}\right)=\dfrac{1}{2}$

点Pが原点を出発して4回目にはじめて原点に戻るのは，硬貨が
(表，表，裏，裏)と(裏，裏，表，表)の2通りあるから，

確率は，$2\times\left(\dfrac{1}{2}\right)^2\times\left(\dfrac{1}{2}\right)^2=\dfrac{1}{8}$

よって，2回目と4回目と6回目に原点に戻る確率は，$\dfrac{1}{2}\times\dfrac{1}{2}\times\dfrac{1}{2}=\dfrac{1}{8}$

2回目と6回目に原点に戻る確率は，$\dfrac{1}{2}\times\dfrac{1}{8}=\dfrac{1}{16}$

4回目と6回目に原点に戻る確率は，$\dfrac{1}{8} \times \dfrac{1}{2} = \dfrac{1}{16}$

ゆえに，(1)より，求める確率は $\dfrac{5}{16} - \left(\dfrac{1}{8} + \dfrac{1}{16} + \dfrac{1}{16}\right) = \dfrac{1}{16}$

演習問題

30 右の図のように，点 P は正方形 ABCD の頂点 A の位置にある。1個のさいころを投げて，2以下の目が出たときは，点 P は反時計回りに移動して正方形の隣の頂点に移り，3以上の目が出たときは，時計回りに移動して正方形の隣の頂点に移るとする。さいころを4回投げたとき，点 P が頂点 A に戻っている確率を求めよ。

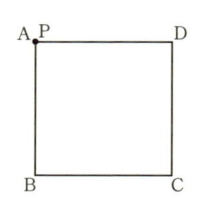

31 数直線上の原点 O の位置にある点 P は，1枚の硬貨を投げて，表が出たときは正の向きに 2 だけ進んだ点に移動し，裏が出たときは負の向きに 1 だけ移動する。次の確率を求めよ。

(1) 硬貨を6回投げたとき，点 P が原点に戻っている確率
(2) 硬貨を6回投げたとき，6回目ではじめて点 P が原点に戻る確率

32 現在，30階建てのビルの11階に A さんがいる。これから A さんは1枚の硬貨を投げて，表が出れば1階上へ移動し，裏が出れば1階下へ移動する。
硬貨を10回投げた後，A さんが6階より下の階にいる確率を求めよ。

コラム　誕生日が同じ確率

生徒35人のクラスにおいて，同じ誕生日の生徒が存在する確率を考えてみます。

1年を365日として，1クラス35人全員の誕生日が異なる確率は，

$$\dfrac{365}{365} \times \dfrac{364}{365} \times \dfrac{363}{365} \times \cdots \times \dfrac{331}{365} = 0.1856\cdots$$

したがって，同じ誕生日の生徒が存在する確率は，

$$1 - 0.1856\cdots = 0.8143\cdots$$

よって，生徒35人のクラスでは，8割以上の確率で同じ誕生日の生徒が存在することになります。

5 条件つき確率

1 条件つき確率と乗法定理

2つの事象 A, B について，一方の事象が起こったときに，もう一方の事象の起こる確率を考える。

たとえば，1から5までの整数が1つずつ書いてある5枚の青いカードと，1から7までの整数が1つずつ書いてある7枚の白いカードの計12枚のカードがある。

この中から1枚のカードを引くとき，そのカードの色が白であるという事象を A とし，カードに書いてある数が偶数であるという事象を B とする。

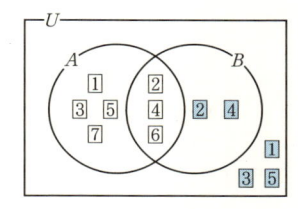

ここで，事象 A が起こったときに，事象 B の起こる確率を考えてみる。

「事象 A が起こった」ということは，「引いたカードは白いカード7枚のうちの1枚である」ということである。

その白いカード7枚の中に含まれる偶数のカードは3枚あるから，

　　　事象 A が起こったときに，事象 B の起こる確率は $\dfrac{3}{7}$

である。

つぎに，事象 B が起こったときに，事象 A の起こる確率を考えてみる。

「事象 B が起こった」ということは，「引いたカードは偶数のカード5枚のうちの1枚である」ということである。

その偶数のカード5枚の中に含まれる白いカードは3枚あるから，

　　　事象 B が起こったときに，事象 A の起こる確率は $\dfrac{3}{5}$

である。

一般に，ある試行における2つの事象 A, B について，事象 A が起こったときに，事象 B の起こる確率を，A が起こったときの B の起こる**条件つき確率**といい，$P_A(B)$ で表す。

例 上のカードについての条件つき確率を式で表すと，

$$P_A(B) = \dfrac{3}{7}, \qquad P_B(A) = \dfrac{3}{5}$$

ある試行において，その全事象を U とし，2つの事象を A, B とする。

このとき，条件つき確率 $P_A(B)$ は，
「A を全事象としたときに，事象 B の起こる確率」
であり，次のように表される。

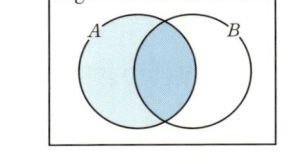

$$P_A(B) = \frac{n(A \cap B)}{n(A)} \qquad ただし，n(A) \neq 0$$

上の式の右辺の分母と分子を，それぞれ $n(U)$ で割ると，

$$\frac{n(A)}{n(U)} = P(A), \qquad \frac{n(A \cap B)}{n(U)} = P(A \cap B)$$

となり，次の条件つき確率の式が得られる。

$$P_A(B) = \frac{P(A \cap B)}{P(A)} \quad \cdots\cdots\cdots ①$$

この①の式より，次の確率の**乗法定理**が成り立つ。

●確率の乗法定理
2つの事象 A, B において，A, B がともに起こる確率 $P(A \cap B)$ は，
$$P(A \cap B) = P(A) P_A(B)$$

例 白球5個，赤球3個の計8個の球が入った袋から，2人が順に1個ずつ球を取り出す。最初の人が白球を取り出す事象を A とし，2番目の人が赤球を取り出す事象を B として，取り出した球は袋に戻さないものとする。

このとき，$P(A) = \dfrac{5}{8}$, $\qquad P_A(B) = \dfrac{3}{7}$

よって，最初の人が白球を取り出し，2番目の人が赤球を取り出す確率は，

$$P(A \cap B) = P(A) P_A(B) = \frac{5}{8} \times \frac{3}{7} = \frac{15}{56}$$

例題10　乗法定理

当たりくじ 4 本を含む 10 本のくじから，2 人が順に 1 本ずつくじを引くとき，次の確率を求めよ。ただし，引いたくじはもとに戻さないものとする。
(1) 2 人とも当たる確率　　　(2) 2 番目に引いた人が当たる確率

解答　最初に引いた人が当たる事象を A とし，2 番目に引いた人が当たる事象を B とする。

(1) $P(A) = \dfrac{4}{10} = \dfrac{2}{5}$, $P_A(B) = \dfrac{3}{9} = \dfrac{1}{3}$ より，

　　求める確率は　$P(A \cap B) = P(A) P_A(B) = \dfrac{2}{5} \times \dfrac{1}{3} = \dfrac{2}{15}$

(2) 2 番目に引いた人が当たるのは，次の 2 通りの場合である。
　① 最初の人が当たり，2 番目の人も当たる。
　② 最初の人がはずれ，2 番目の人は当たる。

①の場合の確率は(1)より，$\dfrac{2}{15}$

②の場合の確率は，$P(\overline{A} \cap B) = P(\overline{A}) P_{\overline{A}}(B) = \dfrac{6}{10} \times \dfrac{4}{9} = \dfrac{4}{15}$

①と②の事象は互いに排反であるから，

　　求める確率は　$P(B) = \dfrac{2}{15} + \dfrac{4}{15} = \dfrac{2}{5}$

演習問題

33　白球 5 個，赤球 3 個の計 8 個の球が入った袋から，2 人が順に 1 個ずつ球を取り出すとき，次の確率を求めよ。ただし，球を取り出した後，取り出した球に，その球と同じ色の球を 1 個加えた計 2 個の球を袋に戻すものとする。
(1) 最初の人が赤球，2 番目の人が白球を取り出す確率
(2) 2 番目の人が白球を取り出す確率

34　1 個のさいころを投げて，3 以上の目が出たときはその目を得点とし，1 または 2 の目が出たときは，もう一度投げて 2 回目に出た目を得点とする。このとき，次の確率を求めよ。
(1) 得点が 1 である確率　　　(2) 得点が 3 である確率

35　袋 A には白球 3 個，赤球 4 個，袋 B には白球 5 個，赤球 3 個が入っている。袋 A から球を 1 個取り出し，それを袋 B に入れてから，袋 B から球を 2 個取り出すとき，白球と赤球が取り出される確率を求めよ。

2 事後の確率

> **例題11**　事後の確率
> ある製品をつくる工場では，A，Bの2つの工作機械がそれぞれ全製品の40％，60％をつくり，それぞれの機械から不良品が出来る割合は1％，2％である。いま，全製品の中から1個取り出すとき，次の確率を求めよ。
> (1) それが不良品である確率
> (2)★ 不良品であったとき，それが機械 A の製品である確率

解答　取り出した1個が，機械 A の製品であるという事象を A とし，機械 B の製品であるという事象を B とする。また，製品が不良品であるという事象を E とする。

$$P(A)=\frac{2}{5}, \qquad P(B)=\frac{3}{5}, \qquad P_A(E)=\frac{1}{100}, \qquad P_B(E)=\frac{2}{100}$$

(1) 不良品が機械 A の製品である事象は $A \cap E$，不良品が機械 B の製品である事象は $B \cap E$ で表され，それらの事象は互いに排反である。
ゆえに，求める確率は
$$P(E)=P(A \cap E)+P(B \cap E)=P(A)P_A(E)+P(B)P_B(E)$$
$$=\frac{2}{5} \times \frac{1}{100}+\frac{3}{5} \times \frac{2}{100}=\frac{8}{500}=\frac{2}{125}$$

(2) 求める確率は，条件つき確率 $P_E(A)$ であるから，
$$P_E(A)=\frac{P(A \cap E)}{P(E)}=\left(\frac{2}{5} \times \frac{1}{100}\right) \div \frac{8}{500}=\frac{1}{4}$$

上の例題11で，全製品から1個取り出すとき，それが機械 A の製品である確率は $P(A)=\frac{2}{5}$ である。この確率は，取り出した製品が不良品であることがわかる前の段階での確率であるので，確率 $P(A)$ を**事前の確率**といい，取り出した製品が不良品であるとわかった後，その取り出した製品が機械 A の製品である確率 $P_E(A)$ を**事後の確率**という。

また，確率 $P_E(A)$ は，事象 E が起こる原因が機械 A によるものであると考えられる確率であるので，確率 $P_E(A)$ を**原因の確率**ということもある。

演習問題

36 A, Bの2つの工場では，それぞれ全製品の25％，75％を生産しており，それぞれの工場から不良品が出る割合は2％，1％である。いま，全製品の中から1個取り出すとき，次の確率を求めよ。
(1) それが不良品である確率
(2)* 不良品であったとき，それが工場Bで生産された確率

37 1枚の硬貨を投げて，表が出たときはAさんが，裏が出たときはBさんが的をねらって1本の矢を射る。Aさん，Bさんの射た矢が的に当たる確率がそれぞれ $\dfrac{1}{2}$，$\dfrac{3}{5}$ であるとき，次の確率を求めよ。
(1) 矢が的に当たる確率
(2)* 矢が的に当たったとき，それがAさんが射た矢である確率

38* 袋Aには白球6個，赤球4個，袋Bには白球5個，赤球5個が入っている。1個のさいころを投げて，3の倍数の目が出たら袋Aから，3の倍数以外の目が出たら袋Bから球を1個取り出す。取り出した球が白球であったとき，その球が袋Aに入っていた確率を求めよ。

39* ある製品をつくる工場では，A，B，Cの3つの工作機械がそれぞれ全製品の20％，30％，50％をつくり，それぞれの機械から不良品が出来る割合は1％，2％，3％である。いま，全製品の中から1個取り出したところ，それが不良品であったとき，その不良品が機械Cでつくられた確率を求めよ。

コラム **モンティ・ホールの問題**

これは，モンティ・ホールが司会を務めるテレビ番組から生まれた確率問題です。

3つの扉が用意されており，そのうちの1つの扉の裏には景品の自動車があり，残りの2つの扉の裏にはヤギ（はずれの意味）がいて，プレイヤーは自動車が裏にある扉を当てると，自動車がもらえます。

まず，最初にプレイヤーが1つの扉を選び，つぎに，選ばれなかった2つの扉のうち，モンティは必ずヤギのいる方の扉を開けます。

そこで，モンティがプレイヤーに「景品の自動車を獲得するには，最初に選択した扉を変更するのとしないのとでは，どちらがよいか」と問います。

正解は，扉を変更した方が，自動車を当てる確率が2倍になります。

6 期待値

1 確率変数と確率分布

3枚の硬貨を同時に投げるとき,表の出る枚数を X とする。この試行において,X のとり得る値は 0, 1, 2, 3 であり,X がこれらの値をとる確率は,右の表のようになる。

X	0	1	2	3	計
確率	$\frac{1}{8}$	$\frac{3}{8}$	$\frac{3}{8}$	$\frac{1}{8}$	1

この X のように,試行の結果によって値が定まる変数を**確率変数**という。

また,上の表のような,確率変数のとり得る値と,その値をとる確率との対応関係を示したものを,その確率変数の**確率分布**または**分布**といい,確率変数 X はこの分布に従うという。

一般に,確率変数 X について,X の値が a である確率を $P(X=a)$ で表す。

また,右の表のように,確率変数 X のとり得る値が $x_1, x_2, \cdots\cdots, x_n$ であり,そのそれぞれの値をとる確率が $p_1, p_2, \cdots\cdots, p_n$ であるとき,

X	x_1	x_2	$\cdots$	x_n	計
P	p_1	p_2	$\cdots$	p_n	1

$$p_1 \geq 0, \ p_2 \geq 0, \ \cdots\cdots, \ p_n \geq 0$$
$$p_1 + p_2 + \cdots\cdots + p_n = 1$$

が成り立っている。

例 1個のさいころを1回投げて,出た目の数を X とすると,X は確率変数であり,X のとり得る値は,1, 2, 3, 4, 5, 6 である。

また,$P(X=a) = \dfrac{1}{6}$ ($a=1, 2, 3, 4, 5, 6$) である。

よって,X の確率分布は,右の表のようになる

X	1	2	3	4	5	6	計
P	$\frac{1}{6}$	$\frac{1}{6}$	$\frac{1}{6}$	$\frac{1}{6}$	$\frac{1}{6}$	$\frac{1}{6}$	1

問2 次の問いに答えよ。

(1) 4枚の硬貨を同時に投げて,表の出た枚数を X とするとき,X の確率分布を求めよ。

(2) 1個のさいころを3回投げて,1の目が出た回数を X とするとき,X の確率分布を求めよ。

例題12　確率分布

白球3個，赤球2個，青球1個の計6個の球が入った袋から，同時に2個の球を取り出す。取り出した白球，赤球，青球1個につき，それぞれ0点，1点，2点の得点が得られるとする。

取り出した球の合計得点を X とするとき，X の確率分布を求めよ。

解答　X のとり得る値は，0，1，2，3 である。

$$P(X=0) = \frac{{}_3C_2}{{}_6C_2} = \frac{3}{15}$$

$$P(X=1) = \frac{{}_3C_1 \times {}_2C_1}{{}_6C_2} = \frac{6}{15}$$

$$P(X=2) = \frac{{}_3C_1 \times {}_1C_1 + {}_2C_2}{{}_6C_2} = \frac{4}{15}$$

$$P(X=3) = \frac{{}_2C_1 \times {}_1C_1}{{}_6C_2} = \frac{2}{15}$$

ゆえに，X の確率分布は，右の表のようになる。

X	0	1	2	3	計
P	$\frac{3}{15}$	$\frac{6}{15}$	$\frac{4}{15}$	$\frac{2}{15}$	1

演習問題

40　1から4までの整数が1つずつ書いてある4枚のカードの中から，同時に2枚のカードを引く。引いた2枚のカードに書いてある数の和を X とするとき，X の確率分布を求めよ。

41　正四面体の4つの面に1から4までの整数が1つずつ書いてある2個のさいころがある。この2個のさいころを同時に投げて，下になった面に書いてある数の和を X とするとき，X の確率分布を求めよ。

42　1と書いてあるカードが1枚，2と書いてあるカードが2枚，3と書いてあるカードが3枚の計6枚のカードの中から，同時に2枚のカードを引く。引いた2枚のカードに書いてある数の積を X とするとき，X の確率分布を求めよ。

2 確率変数の期待値

確率変数 X の確率分布が右の表のようであるとき，$x_1p_1+x_2p_2+\cdots\cdots+x_np_n$ を，X の **期待値** または **平均** といい，$E(X)$ で表す。すなわち，$E(X)=x_1p_1+x_2p_2+\cdots\cdots+x_np_n$ である。

X	x_1	x_2	$\cdots$	x_n	計
P	p_1	p_2	$\cdots$	p_n	1

たとえば，1個のさいころを1回投げて，出た目の数 X の値を得点とするゲームを行う。このとき，確率変数 X の確率分布は右の表のようになり，X の期待値 $E(X)$ は，

X	1	2	3	4	5	6	計
P	$\frac{1}{6}$	$\frac{1}{6}$	$\frac{1}{6}$	$\frac{1}{6}$	$\frac{1}{6}$	$\frac{1}{6}$	1

$$E(X)=1\times\frac{1}{6}+2\times\frac{1}{6}+3\times\frac{1}{6}+4\times\frac{1}{6}+5\times\frac{1}{6}+6\times\frac{1}{6}=\frac{7}{2}$$

となる。このことは，このゲームを何回も行ったとき，1回のゲームで得られる得点の平均が $\frac{7}{2}$ 点であることを表している。

演習問題

43 3枚の硬貨を同時に投げるとき，表の出た枚数を X とすると，X の確率分布は右の表のようになる。確率変数 X の期待値を求めよ。

X	0	1	2	3	計
P	$\frac{1}{8}$	$\frac{3}{8}$	$\frac{3}{8}$	$\frac{1}{8}$	1

44 例題12で，確率変数 X の期待値を求めよ。

例題13　**期待値**

赤球3個，白球4個の計7個の球が入った袋から，同時に3個の球を取り出す。取り出した赤球の個数を X とするとき，X の期待値を求めよ。

解答　X のとり得る値は，0，1，2，3 である。

$P(X=0)=\dfrac{{}_4C_3}{{}_7C_3}=\dfrac{4}{35}$　　$P(X=1)=\dfrac{{}_3C_1\times{}_4C_2}{{}_7C_3}=\dfrac{18}{35}$

$P(X=2)=\dfrac{{}_3C_2\times{}_4C_1}{{}_7C_3}=\dfrac{12}{35}$　　$P(X=3)=\dfrac{{}_3C_3}{{}_7C_3}=\dfrac{1}{35}$

X の確率分布は，右の表のようになる。
ゆえに，X の期待値 $E(X)$ は

$$E(X)=0\times\frac{4}{35}+1\times\frac{18}{35}+2\times\frac{12}{35}+3\times\frac{1}{35}=\frac{9}{7}$$

X	0	1	2	3	計
P	$\frac{4}{35}$	$\frac{18}{35}$	$\frac{12}{35}$	$\frac{1}{35}$	1

演習問題

45 白球4個，赤球2個，青球1個の計7個の球が入った袋から，同時に2個の球を取り出す。白球，赤球，青球1個につき，それぞれ1点，2点，3点の得点が得られるとする。

取り出した球の合計得点を X とするとき，X の期待値を求めよ。

46 2個のさいころを同時に投げるとき，得点 X を次のように定める。

> 出た目の数の積が奇数のときはその値を X とし，積が偶数のときは $X=0$ とする。

確率変数 X の期待値を求めよ。

47 直方体の6つの面に，さいころのように1から6までの目が1つずつ書いてある。この直方体を投げるとき，1，6の目が出る確率はともに p であり，2，3，4，5の目が出る確率はいずれも q である。この直方体を1回投げて出た目の数を X とすると，p，q の値によらず，X の期待値は一定であることを示せ。

48 Aさん，Bさんの2人がいる。当たりくじ2本を含む5本のくじから，まずはAさんが当たりくじを引くまで続けてくじを引く。ただし，引いたくじはもとに戻さないものとする。
(1) Aさんが引くはずれくじの本数の期待値を求めよ。
(2) はじめてAさんが当たりくじを引いた後，そこからはBさんに代わり，同様にして当たりくじを引くまで続けてくじを引くとする。このとき，Bさんが引くはずれくじの本数の期待値を求めよ。

49 赤球3個，白球2個の計5個の球が入った袋から球を1個取り出し，色を確認してから袋に戻す試行を3回くり返す。赤球を取り出す回数を X とするとき，次の問いに答えよ。
(1) $X=0$ である確率を求めよ。
(2) $X=2$ である確率を求めよ。
(3) 確率変数 X の期待値を求めよ。

50 1個のさいころを3回投げて，出た目の数の最大値を X とする。
(1) $X=3$ である確率を求めよ。
(2) 確率変数 X の期待値を求めよ。

3 確率変数 $aX+b$ の期待値

確率変数 X の確率分布が，右の表のようであるとき，確率変数 $aX+b$ の期待値を求めてみる。ただし，a, b を定数とする。

X	x_1	x_2	$\cdots$	x_n	計
P	p_1	p_2	$\cdots$	p_n	1

まず，$aX+b$ の確率分布は，右の表のようになる。

$aX+b$	ax_1+b	ax_2+b	$\cdots$	ax_n+b	計
P	p_1	p_2	$\cdots$	p_n	1

ここで，この $aX+b$ の期待値を計算すると，

$$E(aX+b)=(ax_1+b)p_1+(ax_2+b)p_2+\cdots\cdots+(ax_n+b)p_n$$
$$=(ax_1p_1+bp_1)+(ax_2p_2+bp_2)+\cdots\cdots+(ax_np_n+bp_n)$$
$$=a(x_1p_1+x_2p_2+\cdots\cdots+x_np_n)+b(p_1+p_2+\cdots\cdots+p_n)$$

また，$E(X)=x_1p_1+x_2p_2+\cdots\cdots+x_np_n$, $p_1+p_2+\cdots\cdots+p_n=1$ である。
ゆえに，a, b を定数とするとき，確率変数 $aX+b$ の期待値は，

$$E(aX+b)=aE(X)+b$$

となる。

例 3枚の硬貨を同時に投げて，表の出た枚数 X の値の2倍に3を加えた得点 $2X+3$ がもらえるゲームを行う。このとき，$2X+3$ の期待値を求めてみる。

X の確率分布は，右の表のようになるから，

$$E(X)=0\times\frac{1}{8}+1\times\frac{3}{8}+2\times\frac{3}{8}+3\times\frac{1}{8}=\frac{3}{2}$$

X	0	1	2	3	計
P	$\frac{1}{8}$	$\frac{3}{8}$	$\frac{3}{8}$	$\frac{1}{8}$	1

ゆえに，求める期待値は

$$E(2X+3)=2E(X)+3=2\times\frac{3}{2}+3=6$$

演習問題

51 4枚の硬貨を同時に投げて，表の出た枚数 X の値の3倍に5を加えた得点 $3X+5$ がもらえるゲームにおいて，獲得する得点の期待値を求めよ。

52 1個のさいころを投げて，出た目の数 X の値の12倍から20を引いた得点 $12X-20$ がもらえるゲームにおいて，獲得する得点の期待値を求めよ。

4 確率変数の和の期待値

2つの確率変数 X, Y について，
$$E(X+Y)=E(X)+E(Y)$$
が成り立つことについて考える。

たとえば，確率変数 X, Y を，次のように定義する。

2個のさいころA，Bを同時に投げるとき，さいころ A の出た目の数が，

　　1か2ならば $X=1$,　　3か4ならば $X=2$,　　5か6ならば $X=3$

とし，さいころ B の出た目の数が，

　　1か2か3ならば $Y=2$,　　4か5か6ならば $Y=3$

とする。

これら2つの確率変数 X, Y の確率分布は，それぞれ右の表のようになる。

X	1	2	3	計
P	$\frac{1}{3}$	$\frac{1}{3}$	$\frac{1}{3}$	1

Y	2	3	計
P	$\frac{1}{2}$	$\frac{1}{2}$	1

また，確率変数 $X+Y$ の確率分布は，右の表のようになる。

$X+Y$	3	4	5	6	計
P	$\frac{1}{6}$	$\frac{1}{3}$	$\frac{1}{3}$	$\frac{1}{6}$	1

ここで，この $X+Y$ の期待値を計算すると，

$$E(X+Y)=3\times\frac{1}{6}+4\times\frac{1}{3}+5\times\frac{1}{3}+6\times\frac{1}{6}$$

$$=(1+2)\times\frac{1}{6}+\left\{(1+3)\times\frac{1}{6}+(2+2)\times\frac{1}{6}\right\}$$

$$+\left\{(2+3)\times\frac{1}{6}+(3+2)\times\frac{1}{6}\right\}+(3+3)\times\frac{1}{6}$$

$$=(1+2)\times\frac{1}{6}+(1+3)\times\frac{1}{6}+(2+2)\times\frac{1}{6}$$

$$+(2+3)\times\frac{1}{6}+(3+2)\times\frac{1}{6}+(3+3)\times\frac{1}{6}$$

各かっこの中の，前にある項には1，2，3が2回ずつあり，後ろにある項には2，3が3回ずつあるから，

$$=\left(1\times\frac{1}{3}+2\times\frac{1}{3}+3\times\frac{1}{3}\right)+\left(2\times\frac{1}{2}+3\times\frac{1}{2}\right)=E(X)+E(Y)$$

となる。

よって，2つの確率変数 X, Y について，$E(X+Y)=E(X)+E(Y)$ が成り立つ。

また，一般に，3つ以上の確率変数の和の期待値についても同様に成り立つ。たとえば，3つの確率変数 X, Y, Z について，
$$E(X+Y+Z)=E(X)+E(Y)+E(Z)$$
が成り立つ。

> **例題14** 確率変数の和の期待値
> 100円，50円，10円の3種類の硬貨がそれぞれ1枚ずつある。この3枚の硬貨を同時に1回投げて，表が出た硬貨はすべてもらえるとするとき，もらえる金額の期待値を求めよ。

[解答] 3枚の硬貨を同時に投げるとき，確率変数 X は100円硬貨の表が出たら1，裏が出たら0とし，確率変数 Y は50円硬貨の表が出たら1，裏が出たら0，確率変数 Z は10円硬貨の表が出たら1，裏が出たら0とする。

$$E(X)=0\times\frac{1}{2}+1\times\frac{1}{2}=\frac{1}{2}$$

同様にして，$E(Y)=E(Z)=\frac{1}{2}$

ゆえに，求める期待値は
$$\begin{aligned}E(100X+50Y+10Z)&=E(100X)+E(50Y)+E(10Z)\\&=100E(X)+50E(Y)+10E(Z)\\&=100\times\frac{1}{2}+50\times\frac{1}{2}+10\times\frac{1}{2}=80\,(\text{円})\end{aligned}$$

演習問題

53 2個のさいころを同時に投げるとき，出た目の数の和の期待値を求めよ。

54 立方体の1つの面に1が，2つの面に2が，3つの面に3が書いてある1個のさいころがある。また，正四面体の4つの面に1から4までの整数が1つずつ書いてある1個のさいころがある。この2個のさいころを同時に投げるとき，立方体のさいころの出た目の数を X，正四面体のさいころの下の面の目の数を Y とするとき，確率変数 $3X+2Y$ の期待値を求めよ。

55 1枚の硬貨を投げて，表が出たときは3点入り，裏が出たときは−1点入るゲームを行う。このゲームを3回くり返すとき，合計得点の期待値を求めよ。

5 期待値の利用

例題15 期待値の利用

右の表のような，賞金のついた 25 本のくじがある。

賞金	400円	200円	150円	70円	50円
本数	1本	2本	4本	8本	10本

このくじを 1 本引くためには参加料 100 円を支払う必要があるとき，このくじは，参加者にとっては有利であるか不利であるかを判定せよ。

解答 1 本のくじを引いたとき，もらえる賞金を X 円とすると，X の確率分布は，右の表のようになる。

X	400	200	150	70	50	計
P	$\dfrac{1}{25}$	$\dfrac{2}{25}$	$\dfrac{4}{25}$	$\dfrac{8}{25}$	$\dfrac{10}{25}$	1

よって，もらえる賞金の期待値は，

$$E(X) = 400 \times \frac{1}{25} + 200 \times \frac{2}{25} + 150 \times \frac{4}{25} + 70 \times \frac{8}{25} + 50 \times \frac{10}{25} = 98.4 \text{ (円)}$$

ゆえに，98.4 < 100 より，参加者にとっては不利である。

演習問題

56 1 週間に 1500 円のこづかいをもらうのと，毎日 1 個のさいころを 1 回投げて，出た目の数の 60 倍の金額のこづかいをもらうのとでは，どちらの方が有利であるかを判定せよ。

57 1 から 6 までの整数が 1 つずつ書いてある番号札が，それぞれの番号の数と同じだけの枚数ずつ用意されている。この中から 1 枚を引くとき，次の①，②のうちの，どちらの方が有利であるかを判定せよ。
① 出た番号の数と同じだけの枚数の 100 円硬貨をもらう。
② 偶数の番号が出たときだけ一律に 700 円もらう。

58 当たりくじ 3 本を含む 10 本のくじから，同時に 3 本のくじを引くとき，当たりくじ 1 本につき 500 円がもらえるゲームがある。このゲームの参加料が何円未満であるならば，このゲームに参加することが得であるといえるか。

59 1 個のさいころを 1 回または 2 回投げて，最後に出た目の数を得点とするゲームがある。このゲームのルールについて，「1 回投げて 2 以下の目が出たら 2 回目を投げる」のと「1 回投げて 3 以下の目が出たら 2 回目を投げる」のとでは，どちらの方が，参加者にとっては有利であるといえるか判定せよ。

総合問題

1 1から10までの整数が1つずつ書いてある10枚のカードの中から，同時に3枚のカードを引くとき，引いたカードに書いてある数について，次の確率を求めよ。
(1) 3枚のカードに書いてある数の中で最大の値が6である確率
(2) 3枚のカードに書いてある数の和が15である確率
(3) 3枚のカードに書いてある数の積が3の倍数である確率

2 3個のさいころを同時に投げるとき，次の確率を求めよ。
(1) 2個は同じ目が出るが，残りの1個は異なる目が出る確率
(2) 3個とも異なる目が出る確率

3 A，B，Cの3人が，ある試験に合格する確率がそれぞれ $\dfrac{1}{4}$，$\dfrac{4}{5}$，$\dfrac{1}{2}$ であるとき，次の確率を求めよ。
(1) 3人とも合格する確率
(2) 少なくとも2人は合格する確率

4 A，Bの2人が，1個のさいころを1回ずつ交互に投げる。Aから投げはじめてA，B，A，Bの順に1人2回投げ，2人合わせて4回投げるものとするとき，次の確率を求めよ。
(1) 先に偶数の目を2回出した人が勝ちとするとき，
　① Bが勝つ確率
　② 勝負がつかない確率
(2) 先に1の目を2回出した人が勝ちとするとき，
　① Bが勝つ確率
　② 勝負がつかない確率

5 A，B，Cの3人を含む12人の生徒を，3人ずつ4つのグループに分けるとき，次の問いに答えよ。
(1) 4つのグループに分ける分け方は何通りあるか。
(2) A，B，Cの3人がともに同じグループになる確率を求めよ。
(3) A，B，Cの3人が異なるグループに分かれる確率を求めよ。

6 9個のみかんをA，B，C，Dの4人に配るとき，次の確率を求めよ。ただし，1個ももらえない人がいてもよいものとし，みかんは区別されないものとする。
(1) Aが2個だけもらえる確率
(2) 4人全員が少なくとも1個はもらえる確率
(3) Aが3個以上もらえる確率

7 白球4個，赤球8個の計12個の球が入った袋から球を1個取り出し，色を確認してから袋に戻す試行を6回くり返すとき，次の確率を求めよ。
(1) 白球が4回，赤球が2回出る確率
(2) 5回目に2度目の白球が出て，6回目に4度目の赤球が出る確率

8 数直線上の原点Oの位置にある点Pは，1個のさいころを投げて，2以下の目が出たときは正の向きに1だけ移動し，3以上の目が出たときは負の向きに2だけ移動する。次の確率を求めよ。
(1) さいころを3回投げたとき，点Pが原点に戻っている確率
(2) さいころを5回投げたとき，点Pの座標が -4 または 2 になる確率

9 1から10までの整数が1つずつ書いてある10枚のカードの中から，引いたカードはもとに戻さないものとして1枚ずつ2回引く。2回目に引いたカードに書いてある数が1回目のカードに書いてある数より大きければ，2回目のカードに書いてある数を X とし，そうでなければ $X=0$ とするとき，次の問いに答えよ。
(1) 2回目のカードに書いてある数が5である確率を求めよ。
(2) $X=7$ である確率を求めよ。
(3) $X=0$ である確率を求めよ。
(4) 確率変数 X の期待値を求めよ。

10 ①と書いてあるカードが1枚，②と書いてあるカードが2枚，③と書いてあるカードが3枚，④と書いてあるカードが4枚の計10枚のカードの中から，同時に2枚のカードを引く。引いた2枚のカードに書いてある数の差の絶対値を X とするとき，次の問いに答えよ。
(1) $X=1$ である確率を求めよ。
(2) 確率変数 X の期待値を求めよ。

11 A，Bの2つの野球チームが試合を行い，先に4勝した方のチームを優勝とする。引き分けがないものとし，各試合でAチームがBチームに勝つ確率は $\frac{3}{5}$ とする。ただし，優勝チームが決まった後は，対戦はしないものとする。

(1) Aチームが4勝1敗で優勝する確率を求めよ。
(2) Aチームは最初の2試合を負けた。その後，Aチームが優勝する確率を求めよ。
(3) 4試合が終わってAチームは1勝3敗になった。その後，どちらかのチームの優勝が決定するまでの，残り試合数の期待値を求めよ。

12 50円硬貨3枚と100円硬貨2枚の計5枚の硬貨を同時に投げるとき，次の問いに答えよ。

(1) 50円硬貨2枚と100円硬貨1枚が，表になる確率を求めよ。
(2) 表が出た硬貨をすべてもらえるものとするとき，250円もらえる確率を求めよ。
(3) 表が3枚以上出た場合，その表が出た硬貨をすべてもらえるものとする。このとき，もらえる金額の期待値を求めよ。

13★ 箱Aには赤球2個，白球3個，箱Bには赤球3個，白球3個，箱Cには赤球4個，白球3個が入っている。A，B，Cの3つの箱から1つの箱を確率 $\frac{1}{3}$ で選び，その箱の中から球を1個取り出す。取り出した球が赤球であったとき，それが箱Aの球である確率を求めよ。

索引

あ行

- 一般項 …………………………… 42
- n 個から r 個取る組合せ …………… 33
- n 個から r 個取る順列 ……………… 22
- n 個から r 個取る重複組合せ ……… 39
- n 個から r 個取る重複順列 ………… 28
- 円順列 …………………………… 26
- 同じものを含む順列 …………… 31

か行

- 階乗 ……………………………… 23
- 確率 ……………………………… 50
- 確率の加法定理 ………………… 56
- 確率の基本性質 ………………… 56
- 確率の乗法定理 ………………… 70
- 確率分布 ………………………… 74
- 確率変数 ………………………… 74
- 完全順列（撹乱順列） ………… 32
- 期待値 …………………………… 76
- 空事象 …………………………… 50
- 空集合 …………………………… 5
- 組合せ …………………………… 33
- 原因の確率 ……………………… 72
- 根元事象 ………………………… 50

さ行

- 試行 ……………………………… 50
- 事象 ……………………………… 50
- 指数法則 ………………………… 44
- 集合 ……………………………… 1
- 集合の元 ………………………… 2
- 集合の共通部分 ………………… 7
- 集合の交わり …………………… 7
- 集合の結び ……………………… 7
- 集合の要素 ……………………… 2
- 事後の確率 ……………………… 72
- 事前の確率 ……………………… 72
- 樹形図 …………………………… 15
- 順列 ……………………………… 22
- 条件つき確率 …………………… 69
- 乗法定理 ………………………… 70
- 積事象 …………………………… 55
- 積の法則 ………………………… 19
- 全事象 …………………………… 50
- 全体集合 ………………………… 6

た行

- 重複組合せ ……………………… 40
- 重複順列 ………………………… 28
- 同様に確からしい ……………… 50
- 独立（試行） …………………… 60
- ド・モルガンの法則 …………… 11

な行

- 二項定理 ………………………… 42

は行

- 場合の数 ………………………… 15
- 排反 ……………………………… 55
- 排反事象 ………………………… 55
- パスカルの三角形 ……………… 43
- 反復試行 ………………………… 64
- 反復試行の確率 ………………… 64
- 部分集合 ………………………… 5
- 分布 ……………………………… 74
- 平均 ……………………………… 76
- ベン図 …………………………… 4
- 補集合 …………………………… 6

ま行

交わり（集合） ……………………… 7
無限集合 ……………………………… 2
結び（集合） ……………………… 7

や行

有限集合 ……………………………… 2
余事象 ……………………………… 55
余事象の定理 ……………………… 56

わ行

和事象 ……………………………… 55
和集合 ……………………………… 7
和の法則 …………………………… 17

記号

$\in$, $\notin$ ……………………………… 2
$\subset$, $\supset$ ……………………………… 5
$\varnothing$ （空集合，空事象） ……………… 5, 50
U （全体集合，全事象） ………… 6, 50
$\overline{A}$ （補集合，余事象） ………… 6, 55
$A \cup B$ ……………………………… 7, 55
$A \cap B$ ……………………………… 7, 55
$n(A)$ ………………………………… 10
$_nP_r$ ………………………………… 22
$n!$ …………………………………… 23
$_nC_r$ ………………………………… 33
$_nH_r$ ………………………………… 39
$P(A)$ ………………………………… 50
$P_A(B)$ ……………………………… 69
$E(X)$ ………………………………… 76

Aクラスブックスシリーズ

単元別完成！この1冊だけで大丈夫!!

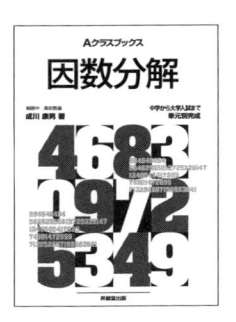

数学の学力アップに加速をつける

桐朋中・高校教諭	成川　康男
筑波大学附属駒場中・高校元教諭	深瀬　幹雄
桐朋中・高校元教諭	藤田　郁夫
桐朋中・高校教諭	矢島　弘
	共著

中学・高校の区分に関係なく，単元別に数学をより深く追求したい人のための参考書です。得意分野のさらなる学力アップ，不得意分野の完全克服に

教科書対応表

	中学1年	中学2年	中学3年	高校数Ⅰ・A
中学数学文章題	☆	☆		
因数分解			☆	☆
2次関数と2次方程式			☆	☆
場合の数と確率			☆	☆

役立ちます。この参考書で学習することによって「考え方」がよくわかり，問題が解けるようになるので，勉強が楽しくなります。内容もとてもくわしく親切で，幅広い学力をつけることができます。「ここまでやっておけば万全」というAクラスにふさわしい内容を備えています。

中学数学文章題	A5判・123頁	900円
因数分解	A5判・130頁	900円
2次関数と2次方程式	A5判・119頁	900円
場合の数と確率	A5判・127頁	900円

※表示の価格は本体価格です。本体価格のほかに消費税がかかります。

Aクラスブックス　場合の数と確率

2014年9月　初版発行

著　　者	深瀬幹雄　　　成川康男
	藤田郁夫　　　矢島　弘
発行者	斎藤　亮
組版所	錦美堂整版
印刷所	光陽メディア
製本所	井上製本所

発行所　　昇龍堂出版株式会社

〒101-0062　東京都千代田区神田駿河台2-9
TEL 03-3292-8211　FAX 03-3292-8214
振替 00100-9-109283

落丁本・乱丁本は，送料小社負担にてお取り替えいたします
ホームページ http://www.shoryudo.co.jp/
ISBN978-4-399-01305-6 C6341 ¥900E　　　Printed in Japan

本書のコピー，スキャン，デジタル化等の無断複製は著作権法上での例外を除き禁じられています。本書を代行業者等の第三者に依頼してスキャンやデジタル化することは，たとえ個人や家庭内での利用でも著作権法違反です。

Aクラスブックス

場合の数と確率

…解答編…

この解答編は薄くのりづけされています。軽く引けば取りはずすことができます。

1章　集合 ………………………………………… 2
2章　場合の数 …………………………………… 5
3章　確率 ………………………………………… 19

昇龍堂出版

1章 集合

問1 (1), (4)
問2 (1) 順に $\in$, $\notin$ (2) 順に $\notin$, $\notin$ (3) 順に $\notin$, $\in$
問3 (1) $A=\{1, 2, 3, 6, 9, 18\}$
    (2) $B=\{2, 3, 5, 7, 11, 13, 17, 19\}$
    (3) $C=\{5, 10, 15, 20, \cdots\}$
問4 (1) $A=\{x|x \text{ は } 1 \text{ から } 9 \text{ までの奇数}\}$ または $A=\{x|1 \leqq x \leqq 9, x \text{ は奇数}\}$
    (2) $B=\{x|x \text{ は } 15 \text{ の正の約数}\}$
    (3) $C=\{x|x \text{ は } 4 \text{ の正の倍数}\}$ または $C=\{x|x=4k, k \text{ は正の整数}\}$
    (4) $D=\{x|x=k^2, k \text{ は正の整数}\}$ または $D=\{x|x \text{ は正の整数の平方数}\}$
問5 (1) $B \subset A$ (2) $A \subset B$ (3) $C \subset A \subset B$ (4) $B \subset A$, $C \subset A$
問6 (1) $\overline{A}=\{5, 7, 8, 9, 10, 11\}$
    (2) $\overline{A}=\{2, 3, 5, 6, 8, 9\}$
    (3) $\overline{A}=\{x|x \text{ は正の奇数}\}$ または $\overline{A}=\{x|x=2k-1, k \text{ は正の整数}\}$
問7 (1) $\overline{A} \subset \overline{B}$ (2) $\overline{B} \subset \overline{A}$

1 (1) $\{3, 5, 7\}$ (2) $\{1, 2, 3, 5, 7, 9\}$ (3) $\{1, 3, 4, 5, 6, 7, 8, 9, 10\}$
    (4) $\{4, 6, 8, 10\}$ (5) U (6) $\varnothing$
2 (1) $A \cup B=\{p|p \text{ は } 3 \text{ の倍数}\}$ または $A \cup B=A$
    $A \cap B=\{p|p \text{ は } 6 \text{ の倍数}\}$ または $A \cap B=B$
    (2) $A \cup B=\{x|-2 \leqq x \leqq 5\}$
    $A \cap B=\{x|-1 < x < 3\}$
3 (1) $a=2$, $b=3$ (2) $\{-5, 1, 2, 3\}$
    解説 $A \cap B=\{2, b\}$ より, 2 は A の要素であるから, $a=2$
4 (1) $\{12\}$ (2) $\{4, 8, 10, 12, 15\}$ (3) $\{4, 6, 8, 10, 12\}$
5 (1) $\{1, 2, 3, 4, 5, 10, 15, 20, 30, 60\}$
    (2) $\{1, 2, 4, 6, 10, 12, 20, 30, 60\}$
    解説 (1) $A \cap B=\{x|x \text{ は } 6 \text{ の倍数}\}$ より, $\overline{A \cap B}=\{1, 2, 3, 4, 5, 10, 15, 20\}$
6 (1) $A \cup C$ (2) $A \cap B$ (3) $A \cap C$ (4) $B \cup C$ (5) $B \cap C$
7 (1) 17 (2) 5 (3) 3
8 $n(A \cap B)=8$, $n(A \cup B)=33$
9 467 個
    解説 1 から 1000 までの 3 の倍数の集合を A, 5 の倍数の集合を B とすると,
    $n(A)=333$, $n(B)=200$, $n(A \cap B)=66$
10 39 人以上 67 人以下
    解説 数学の家庭学習をしてきた生徒の集合を A, 国語の家庭学習をしてきた生徒の集合を B とする。
    $n(A)=86$, $n(B)=67$, $n(A \cap B)=x$ とすると,
    $A \cap B \subset B$ より, $x \leqq 67$
    $n(A \cup B)=n(A)+n(B)-n(A \cap B)=86+67-x=153-x$
    $153-x \leqq 114$ より, $39 \leqq x$
    ゆえに, $39 \leqq x \leqq 67$

11 13 人
[解説] 数学の課題を提出した生徒の集合を A, 国語の課題を提出した生徒の集合を B とすると, $n(A)=21$, $n(B)=23$, $n(A\cap B)=17$
よって, $n(A\cup B)=21+23-17=27$

12 34 個
[解説] 全体集合を 100 から 200 までの整数とし, 2 の倍数の集合を A, 3 の倍数の集合を B とする。
$n(A)=51$, $n(B)=33$, $n(A\cap B)=17$ より, $n(A\cup B)=51+33-17=67$
ゆえに, $n(\overline{A}\cap\overline{B})=n(\overline{A\cup B})=101-67=34$

13 (1) 7 (2) 11
[解説] (1) $n(\overline{A})=n(\overline{A}\cap B)+n(\overline{A}\cap\overline{B})=7+6=13$
$n(A)=n(U)-n(\overline{A})=20-13=7$
(2) $n(\overline{A\cup B})=n(\overline{A}\cap\overline{B})=n(U)-n(A\cup B)$ より,
$n(A\cap B)=20-16=4$
$n(B)=n(A\cap B)+n(\overline{A}\cap B)=4+7=11$

1 (1) {2, 4, 6, 8} (2) {2, 3, 4, 5, 6, 7, 8} (3) {2, 3, 5, 7}

2 (1) $a=1$, 4 (2) $b=2$, $A\cup B=\{2, 3, 4, 6, 11\}$
[解説] (1) 4 は $A\cap B$ の要素であるから, 4 は A に属する。
よって, $5a-a^2=4$ $(a-1)(a-4)=0$
ゆえに, $a=1$, 4
(2) $a=1$ のとき, $A=\{2, 6, 4\}$, $B=\{3, 4, 2, 1+b\}$ となり,
2 は $A\cap B$ に属するから, $A\cap B\neq\{4, 6\}$ である。
$a=4$ のとき, $A=\{2, 6, 4\}$, $B=\{3, 4, 11, 4+b\}$
よって, $4+b=6$ $b=2$
ゆえに, $A\cup B=\{2, 3, 4, 6, 11\}$

3 (1) $a=-1$, $c=2$ (2) $a=1$, $b=1$
[解説] (1) $A\cap B=\{3, 4\}$ より, $2c-1=3$, $2c-a-1=4$
(2) $B=C$ より, $2c-a-1=2$, $2c+b-2=3$ $B\subset A$ より, $2c-1=3$

4 (1) $0<a<2$ (2) $-1\leq a<0$, $2<a\leq 3$
[解説] (1) B は 4 以上の整数を含まないから, $a+2<4$ より, $a<2$
また, B は 0 以下の整数を含まないから, $a>0$
(2) $A\cap B$ に含まれる整数は 1 か 3 の 2 通りである。
1 であるとき, B の要素の最大値 $a+2$ を考えると,
$1\leq a+2<2$ より, $-1\leq a<0$
3 であるとき, B の要素の最小値 a を考えると, $2<a\leq 3$

5 (1) 15 (2) 22 (3) 23 (4) 45
[解説] (4) $n(A\cup\overline{B})=n(A)+n(\overline{B})-n(A\cap\overline{B})$ (1)より, $n(\overline{B})=40$
$n(A)=n(A\cap B)+n(A\cap\overline{B})$ より, $n(A\cap\overline{B})=n(A)-n(A\cap B)=22-5=17$
[別解] (4) ド・モルガンの法則より, $\overline{\overline{A}\cup B}=\overline{\overline{A}}\cap\overline{B}$
$n(A\cup\overline{B})=n(U)-n(\overline{A}\cap B)=55-10=45$

6 (1) 30 (2) 18 (3) 84 (4) 48
[解説] (3) $A\cap B$ は 15 の倍数の集合である。
$n(A\cap B)=6$ より, $n(\overline{A\cap B})=90-6=84$
(4) $n(\overline{A}\cap\overline{B})=n(\overline{A\cup B})=90-n(A\cup B)$

7 (1) $47 \leq m \leq 66$ (2) 57

解説 投票に行く予定の人の集合を A，実際に投票した人の集合を B とする。
(1) $n(A)=81$, $n(B)=66$, $n(A \cap B)=m$
$A \cap B \subset B$ より，$m \leq 66$
$n(A \cup B)=n(A)+n(B)-n(A \cap B)=81+66-m=147-m$
$147-m \leq 100$ より，$47 \leq m$
ゆえに，$47 \leq m \leq 66$
(2) $n(B)=66$ より，$p=66-m$
$n(\overline{A} \cap B)=p$, $n(\overline{A} \cap \overline{B})=q$, $n(\overline{A})=n(\overline{A} \cap B)+n(\overline{A} \cap \overline{B})$ より，
$p+q=100-81=19$
$p<q$ であるから，$2p<19$
よって，$p \leq 9$
ゆえに，$66-m \leq 9$ より，$m \geq 57$

8 $A=\{5,\ 15,\ 25,\ 35,\ 45\}$

解説 $\overline{A \cup B}=\overline{A} \cap \overline{B}$ より，$\overline{A} \cap \overline{B}=\overline{V}$
$\overline{A}=(\overline{A} \cap B) \cup (\overline{A} \cap \overline{B})=\overline{V} \cup W$ より，$A=V \cap \overline{W}$
A は，50 との最大公約数が 1 より大きく，かつ偶数でないものの集合である。
ゆえに，$A=\{5,\ 15,\ 25,\ 35,\ 45\}$

2章 場合の数

問1 6通り
樹形図

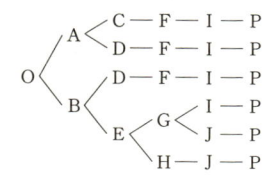

```
      ┌C─F─I─P
   ┌A─┤
   │  └D─F─I─P
O──┤
   │  ┌D─F─I─P
   └B─┤      ┌I─P
      └E─G─┤J─P
           └H─J─P
```

問2 12通り
樹形図

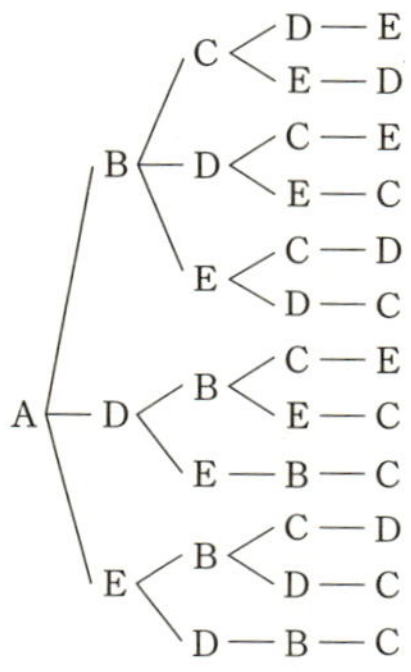

```
        ┌C─┬D─E
        │  └E─D
     ┌B─┤
     │  │  ┌C─E
     │  └D─┤
     │     └E─C
     │     ┌C─D
     │  ┌E─┤
     │     └D─C
  ┌A─┤
     │     ┌C─E
     │  ┌B─┤
     │  │  └E─C
     │┌D─┤
     │  └E─B─C
     │
     │     ┌C─D
     │  ┌B─┤
     └E─┤  └D─C
        └D─B─C
```

1 13通り
樹形図

```
         ┌a            ┌a
      ┌a─┤b       ┌b─┤
      │   └c     │    └c
      │           │    
   ┌a─┤b          ┌a─┬a
   │   └c         │   └c
a──┤             b─┤
   │              └c─a
   │           
   └c─┬a          ┌a
       │b       c─┤b
                  └b─a
```

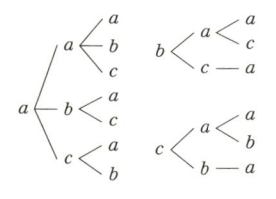

2 6通り
解説 1+2+3+9，1+2+4+8，1+2+5+7，1+3+4+7，1+3+5+6，2+3+4+6

3 12通り
解説 1+1+10，1+2+9，1+3+8，1+4+7，1+5+6，2+2+8，2+3+7，2+4+6，2+5+5，3+3+6，3+4+5，4+4+4

4 (1) 8通り (2) 9通り
解説 A，B，C，Dが持ち寄ったプレゼントを，Ⓐ，Ⓑ，Ⓒ，Ⓓとする。
(1) 下の図のように，AがⒶを受け取る場合は2通りある。B，C，Dについても同様に2通りずつある。

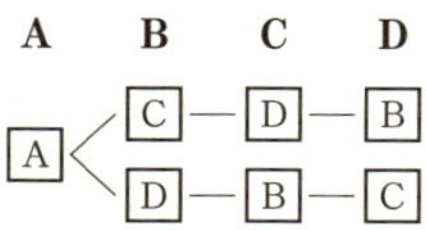

```
A       B       C       D
Ⓐ─┬Ⓒ─Ⓓ─Ⓑ
   └Ⓓ─Ⓑ─Ⓒ
```

(2)

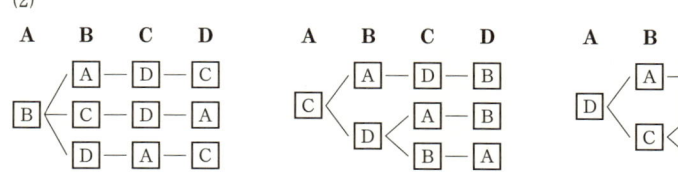

```
A       B       C       D
   ┌Ⓐ─Ⓓ─Ⓒ
Ⓑ─┼Ⓒ─Ⓓ─Ⓐ
   └Ⓓ─Ⓐ─Ⓒ

A       B       C       D
      ┌Ⓐ─Ⓓ─Ⓑ
Ⓒ─┤   ┌Ⓐ─Ⓑ
      └Ⓓ─┤
           └Ⓑ─Ⓐ

A       B       C       D
   ┌Ⓐ─Ⓑ─Ⓒ
Ⓓ─┤   ┌Ⓐ─Ⓑ
   └Ⓒ─┤
        └Ⓑ─Ⓐ
```

5 (1) 13 通り (2) 20 通り (3) 16 通り

6 20 通り

7 (1) 7 通り (2) 15 通り

解説 (1) ∠OAB=90° となるのは，点 B の x 座標が 4 のときであり，∠OBA=90° となるのは，B の座標が (2, 2) のときである。
(2) ∠OAB>90° となるのは，点 B の x 座標が 5 か 6 のときであり，∠OBA>90° となるのは，B の座標が (1, 1)，(2, 1)，(3, 1) のいずれかのときである。

8 10 通り

解説 1000 円札，2000 円札，5000 円札の枚数をそれぞれ x，y，z とすると，
$1000x+2000y+5000z=10000$ より，$x+2y+5z=10$
x，y，z は 0 以上の整数であるから，$z=0$，1，2
$z=0$ のとき，$x+2y=10$　　x，y は 0 以上の整数より，$y=0$，1，2，3，4，5
よって，$(x, y)=(10, 0)$，$(8, 1)$，$(6, 2)$，$(4, 3)$，$(2, 4)$，$(0, 5)$
$z=1$ のとき，$x+2y=5$　　同様に，$y=0$，1，2
よって，$(x, y)=(5, 0)$，$(3, 1)$，$(1, 2)$
$z=2$ のとき，$x+2y=0$
よって，$(x, y)=(0, 0)$

9 4 通り

解説 2g，3g，10g の分銅を，それぞれ x 個，y 個，z 個使うとすると，
$2x+3y+10z=30$
x，y，z は自然数であるから，$z=1$，2
$z=1$ のとき，$2x+3y=20$　　x，y は自然数より，$y=2$，4，6
よって，$(x, y)=(7, 2)$，$(4, 4)$，$(1, 6)$
$z=2$ のとき，$2x+3y=10$　　同様に，$y=2$
よって，$(x, y)=(2, 2)$

10 (1) 49 個 (2) 28 個

11 (1) 42 通り (2) 72 通り

解説 (2) 2 つの数の和が偶数になるのは，2 つの数がともに偶数である場合か，ともに奇数である場合である。
ゆえに，$5×6+6×7=72$（通り）

12 (1) 20 通り (2) 24 通り

問 3 (1) 27 通り (2) 216 通り (3) 18 種類

13 (1) 120 個 (2) 154 個

解説 (2) たとえば，3 つの辺 AB，BC，CD から点を 1 つずつ取ってできる三角形の個数は，$2×3×4$（個）である。
ゆえに，他も同様にして，$(2×3×4)+(3×4×5)+(4×5×2)+(5×2×3)=154$

14 (1) 30 個 (2) 2418

解説 (1) $720=2^4×3^2×5$ より，約数の個数は $(4+1)(2+1)(1+1)=30$
(2) $(1+2+2^2+2^3+2^4)(1+3+3^2)(1+5)=2418$

15 24 通り

解説 1 番目から 5 番目の数をそれぞれ a，b，c，d，e とすると，
$a+b+c=c+d+e$ より，$a+b=d+e$
この等式が成り立つような $\{a, b\}$ と $\{d, e\}$ の組は，
$\{1, 4\}$ と $\{2, 3\}$，$\{2, 3\}$ と $\{1, 4\}$，$\{1, 5\}$ と $\{2, 4\}$，$\{2, 4\}$ と $\{1, 5\}$，
$\{2, 5\}$ と $\{3, 4\}$，$\{3, 4\}$ と $\{2, 5\}$ の 6 通りある。

また，$\{a, b\}=\{1, 4\}$，$\{d, e\}=\{2, 3\}$ のとき，列の 1 番目は 1 か 4 のどちらかであり，4 番目は 2 か 3 のどちらかであるから，並べ方は $2\times 2=4$（通り）ある。
ゆえに，他も同様にして，$4\times 6=24$

問4 (1) 336 (2) 120 (3) 3024
問5 (1) 210 (2) 360 (3) 720
16 (1) 24 個 (2) 72 個 (3) 40 個 (4) 540 個
[解説] (2) 千の位と十の位は偶数になるので $_3\mathrm{P}_2$ 通りあり，そのそれぞれに対して，百の位と一の位は奇数になるので $_4\mathrm{P}_2$ 通りある。
ゆえに，積の法則より $_3\mathrm{P}_2\times{}_4\mathrm{P}_2=72$
(3) 25 の倍数になるのは，下 2 桁の数が 25，75 の場合である。
よって，千の位と百の位には，残りの 5 つの数から 2 つ取ってつくればよいから $_5\mathrm{P}_2$ 通りある。
ゆえに，積の法則より $2\times{}_5\mathrm{P}_2=40$
(4) 千の位が 1 か 2 か 3 か 4 の場合は，そのそれぞれに対して，百の位，十の位，一の位には，残りの 6 つの数から 3 つ取ってつくればよいから，
積の法則より $4\times{}_6\mathrm{P}_3$（個）
千の位が 5 で，百の位が 1 か 2 か 3 の場合は，そのそれぞれに対して，十の位，一の位には，残りの 5 つの数から 2 つ取ってつくればよいから，
積の法則より $3\times{}_5\mathrm{P}_2$（個）
また，千の位が 5 で百の位が 4 の場合は，5400 より小さい数はできない。
ゆえに，$4\times{}_6\mathrm{P}_3+3\times{}_5\mathrm{P}_2=540$

17 (1) 300 個 (2) 108 個 (3) 72 個
[解説] (2) 5 の倍数になるのは，一の位が 0 か 5 の場合である。
一の位が 0 の場合は $_5\mathrm{P}_3$ 個あり，5 の場合は $4\times{}_4\mathrm{P}_2$（個）ある。
ゆえに，$_5\mathrm{P}_3+4\times{}_4\mathrm{P}_2=108$
(3) 4 の倍数になるのは，下 2 桁の数が 04，12，20，24，32，40，52 の場合である。
下 2 桁の数が，04，20，40 の場合はそれぞれ $_4\mathrm{P}_2$ 通りあり，12，24，32，52 の場合はそれぞれ 3×3（通り）ある。
ゆえに，$_4\mathrm{P}_2\times 3+3\times 3\times 4=72$

18 (1) 72 個 (2) 56 個
[解説] (1) 万の位と一の位は 0 以外であるから $_4\mathrm{P}_2$ 通りあり，そのそれぞれに対して，残りの位は $_3\mathrm{P}_3$ 通りある。
ゆえに，$_4\mathrm{P}_2\times{}_3\mathrm{P}_3=72$
(2) つくった 5 桁の整数に含まれる，5 つの数の奇数，偶数の並びについて，
偶数・奇数・偶数・奇数・偶数 または 奇数・偶数・奇数・偶数・奇数
の順に並んだ場合は，その数の並びを逆にして加えたときに，すべての桁の数が偶数になる。
よって，それ以外の場合に，どこかの桁に奇数が現れる。
並びが，偶数・奇数・偶数・奇数・偶数となる場合，並びの真ん中にある偶数は 0 である。この 0 の前の偶数・奇数の並び方は 2×2（通り）あり，0 の後の奇数・偶数の並び方は 1 通りある。
また，奇数・偶数・奇数・偶数・奇数となる場合の並び方は，$_2\mathrm{P}_2\times{}_3\mathrm{P}_3$（通り）ある。
ゆえに，もとの数に，その数の並びを逆にしたものを加えると奇数が現れるものは，
$72-(2\times 2+{}_2\mathrm{P}_2\times{}_3\mathrm{P}_3)=56$

19 (1) 720 通り　(2) 144 通り　(3) 72 通り

解説 (2) 第1走者と第6走者の決め方は $_3P_2$ 通りあり，そのそれぞれに対して，残りの4人の決め方は $_4P_4$ 通りある。

ゆえに，積の法則より　$_3P_2 \times _4P_4 = 144$

(3) 男子の走る順番の決め方は $_3P_3$ 通りあり，そのそれぞれに対して，女子の決め方は $_3P_3$ 通りある。また，第1走者が男子になるか，女子になるかの2通りある。

ゆえに，積の法則より　$_3P_3 \times _3P_3 \times 2 = 72$

20 (1) 240 通り　(2) 288 通り　(3) 48 通り

解説 (1) $_5P_5 \times 2 = 240$　(2) $_4P_2 \times _4P_4 = 288$

(3) 祖父母，父母，子ども2人を，それぞれひとまとめにして1人と考えると，3人の並び方は $_3P_3$ 通りある。そのそれぞれに対して，祖父母，父母，子ども2人の並び方を考える。

ゆえに，積の法則より　$_3P_3 \times 2 \times 2 \times 2 = 48$

21 (1) 4320 通り　(2) 144 通り

解説 (1) 7人の並び方は $_7P_7$ 通りある。
子ども3人が隣り合う並び方は $_5P_5 \times _3P_3$（通り）ある。

ゆえに，$_7P_7 - _5P_5 \times _3P_3 = 4320$

(2) はじめに大人4人が並び，つぎに大人の間の3か所に子どもが並べばよい。

ゆえに，積の法則より　$_4P_4 \times _3P_3 = 144$

22 (1) 120 通り　(2) 48 通り　(3) 24 通り

解説 (2) 父母をひとまとめにして1人と考えると，5人が円形のテーブルのまわりに座るから，座り方は $(5-1)! = 4!$（通り）ある。そのそれぞれに対して，父母の座り方は2通りある。

ゆえに，$4! \times 2 = 48$

(3) 父の座る位置が決まると，自動的に母の座る位置も決まる。

よって，残りの子ども4人の座り方を求めればよい。

ゆえに，$4! = 24$

23 (1) 192 通り　(2) 144 通り

解説 (1) A校，B校，C校の生徒を，それぞれひとまとめにして1人と考えると，3人が円形のテーブルのまわりに座るから，座り方は $(3-1)! = 2$（通り）ある。そのそれぞれに対して，A校の生徒の座り方は4!通り，B校の生徒の座り方は2通り，C校の生徒の座り方は2通りある。

ゆえに，$2 \times 4! \times 2 \times 2 = 192$

(2) A校の生徒4人の座り方は $(4-1)! = 3!$（通り）あり，4か所あるA校の生徒の間にB校，C校の生徒が座ればよいから，座り方は4!通りある。

ゆえに，$3! \times 4! = 144$

24 8 通り

解説 真ん中の三角形の塗り方は4通りあり，残りの三角形3つの塗り方は $(3-1)! = 2$（通り）ある。

25 (1) 343 通り　(2) 28 通り　(3) 125 通り

26 (1) 1080 個　(2) 360 個　(3) 270 個

解説 (3) 4の倍数になるのは，下2桁の数が 00, 04, 12, 20, 24, 32, 40, 44, 52 の9通りの場合である。そのそれぞれに対して，千の位は5通り，百の位は6通りある。

ゆえに，$5 \times 6 \times 9 = 270$

27 (1) 120 通り　(2) 420 通り

[解説] (2) A, B, C は，互いに異なる色を塗らなければならないから，塗り方は $_5P_3$ 通りある。

D, E の塗り方については，次の2つの場合に分けて考える。

① B と D が同じ色の場合は，E の塗り方は3通りある。

② B と D が異なる色の場合は，D の塗り方は2通りあり，そのそれぞれに対して，E の塗り方も2通りある。したがって，D と E の塗り方は $2×2=4$（通り）ある。

よって，①，②より，D と E の塗り方は $3+4=7$（通り）ある。

ゆえに，$_5P_3 \times 7 = 420$

28 (1) 210 個　(2) ① 540 個　② 240 個

[解説] (1) $\dfrac{7!}{2!3!2!} = 210$

(2) ① 7つの数をすべて並べると，並べ方は $\dfrac{7!}{2!2!2!}$ 通りあるが，この中には，7桁のうちの最も大きな桁に0が入る場合の $\dfrac{6!}{2!2!2!}$ 通りが含まれる。

ゆえに，$\dfrac{7!}{2!2!2!} - \dfrac{6!}{2!2!2!} = 540$

② 偶数になるのは，一の位が0か2の場合である。

0 の場合は $\dfrac{6!}{2!2!2!}$ 通りあり，2 の場合は $\left(\dfrac{6!}{2!2!} - \dfrac{5!}{2!2!}\right)$ 通りある。

ゆえに，$\dfrac{6!}{2!2!2!} + \left(\dfrac{6!}{2!2!} - \dfrac{5!}{2!2!}\right) = 90 + 150 = 240$

29 (1) 10080 個　(2) 720 通り　(3) 144 通り

[解説] (1) $\dfrac{8!}{2!2!} = 10080$

(2) AA の2文字と，OO の2文字を，それぞれひとまとめにして1文字と考える。

ゆえに，$6! = 720$

(3) Y, K, H, M の並べ方は $4!$ 通りあり，偶数番目が A, O となる並べ方は $\dfrac{4!}{2!2!}$ 通りある。

ゆえに，$4! \times \dfrac{4!}{2!2!} = 144$

30 (1) 360 通り　(2) 660 通り

[解説] (1) aa の2文字を，ひとまとめにして1文字と考える。

ゆえに，$\dfrac{6!}{2!} = 360$

(2) 7文字をすべて並べると，並べ方は $\dfrac{7!}{2!2!} = 1260$（通り）ある。

2つの a が隣り合う並べ方は 360 通りあり，2つの b が隣り合う並べ方も 360 通りある。また，2つの a が隣り合い，かつ 2つの b が隣り合う並べ方は，aa の2文字と，bb の2文字を，それぞれひとまとめにして1文字と考えると，$5! = 120$（通り）ある。

ゆえに，$1260 - (360 + 360 - 120) = 660$

問6 (1) 10　(2) 35　(3) 126

問7 (1) 56 (2) 45 (3) 495

　　解説 (1) $_8C_5 = {}_8C_3 = \dfrac{8\times 7\times 6}{3\times 2\times 1}$

　　(2) $_{10}C_8 = {}_{10}C_2 = \dfrac{10\times 9}{2\times 1}$

　　(3) $_{12}C_8 = {}_{12}C_4 = \dfrac{12\times 11\times 10\times 9}{4\times 3\times 2\times 1}$

問8 (1) 35 通り (2) 70 通り (3) 36 試合

問9 (1) 120 個 (2) 54 本

　　解説 (2) $_{12}C_2 - 12 = \dfrac{12\times 11}{2\times 1} - 12 = 54$

31 280 個

　　解説 $_5C_2 \times {}_8C_2 = \dfrac{5\times 4}{2\times 1} \times \dfrac{8\times 7}{2\times 1}$

32 (1) 270 通り (2) 1632 通り (3) 600 通り

　　解説 (1) $_6C_2 \times {}_4C_2 \times {}_3C_2 = \dfrac{6\times 5}{2\times 1} \times \dfrac{4\times 3}{2\times 1} \times \dfrac{3\times 2}{2\times 1}$

　　(2) $_{13}C_6 - {}_9C_6 = {}_{13}C_6 - {}_9C_3 = \dfrac{13\times 12\times 11\times 10\times 9\times 8}{6\times 5\times 4\times 3\times 2\times 1} - \dfrac{9\times 8\times 7}{3\times 2\times 1}$

　　(3) $_6C_3({}_7C_3 - {}_4C_3 - {}_3C_3) = {}_6C_3({}_7C_3 - {}_4C_1 - {}_3C_3) = \dfrac{6\times 5\times 4}{3\times 2\times 1}\left(\dfrac{7\times 6\times 5}{3\times 2\times 1} - \dfrac{4}{1} - 1\right)$

33 (1) 126 通り (2) 60 通り (3) 96 通り

　　解説 (1) $_9C_4 = \dfrac{9\times 8\times 7\times 6}{4\times 3\times 2\times 1}$

　　(2) $_5C_2 \times {}_4C_2 = \dfrac{5\times 4}{2\times 1} \times \dfrac{4\times 3}{2\times 1}$

　　(3) PQ 間を通る行き方は，$_5C_2 \times {}_3C_1 = 30$（通り）

　　ゆえに，$126 - 30 = 96$

34 (1) 1680 通り (2) 280 通り (3) 1260 通り (4) 378 通り

　　解説 (1) $_9C_3 \times {}_6C_3 = \dfrac{9\times 8\times 7}{3\times 2\times 1} \times \dfrac{6\times 5\times 4}{3\times 2\times 1}$

　　(2) $\dfrac{{}_9C_3 \times {}_6C_3}{3!}$

　　(3) $_9C_4 \times {}_5C_3 = {}_9C_4 \times {}_5C_2 = \dfrac{9\times 8\times 7\times 6}{4\times 3\times 2\times 1} \times \dfrac{5\times 4}{2\times 1}$

　　(4) $\dfrac{{}_9C_2 \times {}_7C_2}{2!} = \dfrac{9\times 8}{2\times 1} \times \dfrac{7\times 6}{2\times 1} \div 2$

35 (1) 19 通り (2) 820 通り

　　解説 (1) a を 3 つ含むときの組合せの数は，$\{a, a, a, b, b\}$ の 1 つと，3 つの a と 2 つの異なる文字の組合せの数を合わせた，$1 + {}_4C_2 = 7$（通り）である。
　　a, b をそれぞれ 2 つずつ含むとき，組合せの数は $_3C_1 = 3$（通り）である。
　　a が 2 つで残りは異なる文字のとき，組合せの数は $_4C_3 = 4$（通り）である。
　　b が 2 つで残りは異なる文字のとき，組合せの数は $_4C_3 = 4$（通り）である。
　　5 つの文字がすべて異なる文字のとき，組合せの数は 1 通りである。
　　ゆえに，$7 + 3 + 4 + 4 + 1 = 19$

(2) $\{a, a, a, b, b\}$ のとき，順列の数は $\dfrac{5!}{3!2!}=10$ (通り) である。

3つの a と2つの異なる文字のとき，順列の数は $\dfrac{5!}{3!}=20$ (通り) である。

a, b をそれぞれ2つずつ含むとき，順列の数は $\dfrac{5!}{2!2!}=30$ (通り) である。

同じ文字を2つだけ含むとき，順列の数は $\dfrac{5!}{2!}=60$ (通り) である。

5つの文字がすべて異なる文字のとき，順列の数は $5!=120$ (通り) である。

ゆえに，$10+20\times 6+30\times 3+60\times(4+4)+120=820$

36 28個

解説 5つの数から，3つの数を使ってできる3桁の整数は，$_5P_3=60$ (個) ある。
3桁の整数が，3の倍数になる3つの数の組合せは，$\{1, 2, 3\}$, $\{1, 3, 5\}$, $\{2, 3, 4\}$, $\{3, 4, 5\}$ の4通りあり，そのそれぞれから3桁の整数が $3!=6$ (個) できるから，3の倍数は $4\times 6=24$ (個) できる。
また，3桁の5の倍数は $_4P_2=12$ (個) できる。
3の倍数であり，5の倍数でもある整数は，$\{1, 3, 5\}$, $\{3, 4, 5\}$ から $2\times 2=4$ (個) できる。
ゆえに，$60-(24+12-4)=28$

37 208個

解説 1を3つ含むとき，組合せは4通りある。
1を2つ含むときの組合せは $_4C_2=6$ (通り) あり，4つの数がすべて異なるときの組合せは $_5C_4=5$ (通り) ある。

ゆえに，$\dfrac{4!}{3!}\times 4+\dfrac{4!}{2!}\times 6+4!\times 5=208$

38 (1) 84個　(2) 44個

解説 (1) 1と2をそれぞれ2つずつ含むときの組合せは1通りあり，同じ数を2つと0を含むときの組合せは4通りある。また，同じ数を2つ含み，0は含まないときの組合せは2通りあり，4つの数がすべて異なるときの組合せは1通りある。

ゆえに，$\dfrac{4!}{2!2!}+\left(\dfrac{4!}{2!}-\dfrac{3!}{2!}\right)\times 4+\dfrac{4!}{2!}\times 2+3\times 3!=84$

(2) 4桁の偶数は，次のようにできる。

$\{1, 1, 2, 2\}$ からは $\dfrac{3!}{2!}=3$ (個)，$\{0, 1, 1, 2\}$ からは $\dfrac{3!}{2!}+2=5$ (個)，

$\{0, 1, 1, 3\}$ からは $\dfrac{3!}{2!}=3$ (個) できる。

$\{0, 1, 2, 2\}$, $\{0, 2, 2, 3\}$ からは，それぞれ $\dfrac{3!}{2!}+4=7$ (個) できる。

$\{1, 1, 2, 3\}$ からは $\dfrac{3!}{2!}=3$ (個)，$\{1, 2, 2, 3\}$ からは $3!=6$ (個)，

$\{0, 1, 2, 3\}$ からは $3!+4=10$ (個) できる。

ゆえに，$3+5+3+7\times 2+3+6+10=44$

別解 (2) 偶数になるのは，一の位が0か2の場合である。
0の場合は，千の位，百の位，十の位は，1, 1, 2, 2, 3の5つの数から3つの数を使ってつくる。

1を2つ使うのは $\dfrac{3!}{2!}\times 2$（個），2を2つ使うのは $\dfrac{3!}{2!}\times 2$（個），

1，2，3を使うのは，3!個ある。

よって，$\dfrac{3!}{2!}\times 2+\dfrac{3!}{2!}\times 2+3!=18$（個）

2の場合は，千の位が1であるのは 4×3（個），

千の位が1以外で，百の位が1であるのは 2×3（個），

千の位と百の位がともに1以外であるのは，$2\times 2\times 2$（個）ある。

よって，$4\times 3+2\times 3+2\times 2\times 2=26$（個）

ゆえに，$18+26=44$

問10 (1) 20 (2) 21 (3) 45

解説 (1) ${}_4H_3={}_{4+3-1}C_3={}_6C_3=\dfrac{6\times 5\times 4}{3\times 2\times 1}$

(2) ${}_6H_2={}_{6+2-1}C_2={}_7C_2=\dfrac{7\times 6}{2\times 1}$

(3) ${}_3H_8={}_{3+8-1}C_8={}_{10}C_8={}_{10}C_2=\dfrac{10\times 9}{2\times 1}$

39 (1) 91通り (2) 55通り

解説 (1) ${}_3H_{12}={}_{3+12-1}C_{12}={}_{14}C_{12}={}_{14}C_2$

(2) ${}_3H_9={}_{3+9-1}C_9={}_{11}C_9={}_{11}C_2$

40 (1) 588通り (2) 60通り (3) 465通り

解説 (1) 赤球の入れ方は，${}_3H_5={}_{3+5-1}C_5={}_7C_5={}_7C_2=21$（通り）

白球の入れ方は，${}_3H_6={}_{3+6-1}C_6={}_8C_6={}_8C_2=28$（通り）

ゆえに，$21\times 28=588$

(2) 赤球の入れ方は，${}_3H_2={}_{3+2-1}C_2={}_4C_2=6$（通り）

白球の入れ方は，${}_3H_3={}_{3+3-1}C_3={}_5C_3={}_5C_2=10$（通り）

ゆえに，$6\times 10=60$

(3) 空の袋が2袋ある場合は，すべての球をA，B，Cのうちのいずれか1袋に入れるときであるから，3通りある。

空の袋が1袋ある場合については，たとえば，Aが空のときを考える。

BとCにすべての球を入れるのは，赤球の入れ方は ${}_2H_5=6$（通り）あり，白球の入れ方は ${}_2H_6=7$（通り）あるから，$6\times 7=42$（通り）ある。

この中には，すべての球がBに入る場合とCに入る場合の2通りが含まれているので，BとCが空でない入れ方は，$42-2=40$（通り）ある。

また，B，Cが空の場合もそれぞれ同様であるから，空の袋が1袋ある場合の入れ方は，$40\times 3=120$（通り）ある。

ゆえに，$588-(3+120)=465$

41 (1) 66通り (2) 36通り

解説 (1) たとえば，$(x, y, z)=(2, 3, 5)$ は，10回のうち，xを2回，yを3回，zを5回取り出すと考えると，(x, y, z)の組の数は，x，y，zの3つの中から重複を許して10回取り出す重複組合せの数と考えられる。

ゆえに，${}_3H_{10}={}_{3+10-1}C_{10}={}_{12}C_{10}={}_{12}C_2$

(2) ${}_3H_7={}_{3+7-1}C_7={}_9C_7={}_9C_2$

42 56 種類

[解説] 展開式における各項の文字の部分は，$a^p b^q c^r d^s$ （$p+q+r+s=5$）である。
よって，求める数は，a，b，c，d の 4 つの中から重複を許して 5 個取り出す重複組合せの数に等しい。
ゆえに，${}_4H_5={}_{4+5-1}C_5={}_8C_5={}_8C_3$

43 (1) 35 通り　(2) 210 通り

[解説] (1) 1 から 7 までの整数から取り出した異なる 4 つの数の組合せの中で，a を 1 番小さい数，b を 2 番目に小さい数，c を 3 番目に小さい数，残りの数を d と考えればよい。
ゆえに，${}_7C_4={}_7C_3=35$

(2) 1 から 7 までの整数から重複を許して取り出した 4 つの数の組合せの中で，a を 1 番小さい数とし，残りの 3 つの数の中で 1 番小さい数を b，その残りの 2 つの数の中で小さい方の数を c，そして残った数を d と考えればよい。
ゆえに，${}_7H_4={}_{7+4-1}C_4={}_{10}C_4=210$

44 (1) $x^5+5x^4+10x^3+10x^2+5x+1$

(2) $a^4+2a^3b+\dfrac{3}{2}a^2b^2+\dfrac{1}{2}ab^3+\dfrac{1}{16}b^4$

(3) $8x^3-36x^2y+54xy^2-27y^3$

45 (1) 1365　(2) -220　(3) 1792

[解説] (1) ${}_{15}C_{11}x^4y^{11}$ より，${}_{15}C_{11}={}_{15}C_4=\dfrac{15\times 14\times 13\times 12}{4\times 3\times 2\times 1}$

(2) ${}_{12}C_3 x^9(-1)^3$ より，${}_{12}C_3\times(-1)^3=\dfrac{12\times 11\times 10}{3\times 2\times 1}\times(-1)$

(3) ${}_8C_3(2x)^5\cdot 1^3$ より，${}_8C_3\times 2^5={}_8C_3\times 32=\dfrac{8\times 7\times 6}{3\times 2\times 1}\times 32$

46 (1) 220　(2) -560

[解説] (1) 一般項は，
${}_{12}C_r(x^3)^{12-r}\left(\dfrac{1}{x}\right)^r={}_{12}C_r x^{36-3r}\times\dfrac{1}{x^r}={}_{12}C_r\times x^{36-4r}$

$36-4r=0$ より，$r=9$

ゆえに，${}_{12}C_9={}_{12}C_3=\dfrac{12\times 11\times 10}{3\times 2\times 1}=220$

(2) 一般項は，
${}_7C_r(2x)^{7-r}\left(-\dfrac{1}{x}\right)^r={}_7C_r\times 2^{7-r}x^{7-r}\times\dfrac{(-1)^r}{x^r}={}_7C_r\times 2^{7-r}\times(-1)^r\times x^{7-2r}$

$7-2r=1$ より，$r=3$

ゆえに，${}_7C_3\times 2^4\times(-1)^3=\dfrac{7\times 6\times 5}{3\times 2\times 1}\times(-16)=-560$

47 (1) $a=\sqrt{6}$　(2) $\dfrac{10}{243}$

解説 (1) 一般項は,
$${}_{10}C_r(ax)^{10-r}\left(\dfrac{2}{a^2x}\right)^r={}_{10}C_r\times 2^r\times a^{10-3r}x^{10-2r}$$
$10-2r=2$ より, $r=4$
x^2 の係数は, ${}_{10}C_4\times 2^4\times a^{-2}=\dfrac{3360}{a^2}$　　$\dfrac{3360}{a^2}=560$
$a^2=6$　　$a>0$
ゆえに, $a=\sqrt{6}$
(2) $10-2r=-6$ より, $r=8$
ゆえに, ${}_{10}C_8\times 2^8\times a^{-14}={}_{10}C_2\times 2^8\times\left(\dfrac{1}{\sqrt{6}}\right)^{14}=45\times 2^8\times\dfrac{1}{3^7}\times\dfrac{1}{2^7}=\dfrac{10}{243}$

48 (1) 1　(2) 3^n　(3) 1

解説 (1) 与式$=\left(\dfrac{1}{3}+\dfrac{2}{3}\right)^n=1$
(2) 与式$=(1+2)^n=3^n$
(3) 与式$=(2-1)^n=1$

49 $(1+x)^n$ の展開式は,
$(1+x)^n={}_nC_0+{}_nC_1x+{}_nC_2x^2+\cdots\cdots+{}_nC_{n-1}x^{n-1}+{}_nC_nx^n$　……①
①に $x=1$ を代入すると,
${}_nC_0+{}_nC_1+{}_nC_2+{}_nC_3+\cdots\cdots+{}_nC_{n-1}+{}_nC_n=(1+1)^n=2^n$　……②
①に $x=-1$ を代入すると, n が奇数であるから,
${}_nC_0-{}_nC_1+{}_nC_2-{}_nC_3+\cdots\cdots+{}_nC_{n-1}-{}_nC_n=(1-1)^n=0$　……③
②+③ より, $2({}_nC_0+{}_nC_2+{}_nC_4+\cdots\cdots+{}_nC_{n-1})=2^n$
よって, ${}_nC_0+{}_nC_2+{}_nC_4+\cdots\cdots+{}_nC_{n-1}=2^{n-1}$
②-③ より, $2({}_nC_1+{}_nC_3+{}_nC_5+\cdots\cdots+{}_nC_n)=2^n$
よって, ${}_nC_1+{}_nC_3+{}_nC_5+\cdots\cdots+{}_nC_n=2^{n-1}$
ゆえに, ${}_nC_0+{}_nC_2+{}_nC_4+\cdots\cdots+{}_nC_{n-1}={}_nC_1+{}_nC_3+{}_nC_5+\cdots\cdots+{}_nC_n=2^{n-1}$

50 (1) 293　(2) 0

解説 (1) $13^5=(3+10)^5={}_5C_0\times 3^5+{}_5C_1\times 3^4\times 10+{}_5C_2\times 3^3\times 10^2+\cdots\cdots+{}_5C_5\times 10^5$
${}_5C_3\times 3^2\times 10^3+\cdots\cdots+{}_5C_5\times 10^5$ は 10^3 で割り切れるので, 百の位以下の数字はすべて 0 である。
よって, ${}_5C_0\times 3^5+{}_5C_1\times 3^4\times 10+{}_5C_2\times 3^3\times 10^2=31293$
ゆえに, 293
(2) $201^{20}=(1+200)^{20}$
$={}_{20}C_0+{}_{20}C_1\times 200+{}_{20}C_2\times 200^2+{}_{20}C_3\times 200^3+\cdots\cdots+{}_{20}C_{20}\times 200^{20}$
$={}_{20}C_0+{}_{20}C_1\times 2\times 10^2+{}_{20}C_2\times 4\times 10^4+{}_{20}C_3\times 8\times 10^6+\cdots\cdots+{}_{20}C_{20}\times 2^{20}\times 10^{40}$
${}_{20}C_3\times 8\times 10^6+\cdots\cdots+{}_{20}C_{20}\times 2^{20}\times 10^{40}$ は十万 (10^6) で割り切れるので, 万の位以下の数字はすべて 0 である。
よって, ${}_{20}C_0+{}_{20}C_1\times 2\times 10^2+{}_{20}C_2\times 4\times 10^4=7604001$
ゆえに, 0

51 (1) $n=9$ (2) $n=14$, 23

解説 (1) $a_1={}_nC_1=n$, $a_2={}_nC_2=\dfrac{n(n-1)}{2}$ であるから, $n+\dfrac{n(n-1)}{2}=45$
$n^2+n-90=0$ より, $n=-10$, 9
ゆえに, $n=9$

(2) $a_8={}_nC_8=\dfrac{n!}{8!(n-8)!}$, $a_9={}_nC_9=\dfrac{n!}{9!(n-9)!}$, $a_{10}={}_nC_{10}=\dfrac{n!}{10!(n-10)!}$
$a_{10}-a_9=a_9-a_8$ より, $a_{10}+a_8=2a_9$
よって, $\dfrac{n!}{10!(n-10)!}+\dfrac{n!}{8!(n-8)!}=2\times\dfrac{n!}{9!(n-9)!}$
両辺を $n!$ で割って, $10!(n-8)!$ を掛けると, $(n-8)(n-9)+10\times 9=20(n-8)$
$n^2-37n+322=0$ $(n-14)(n-23)=0$
ゆえに, $n=14$, 23

52 -720

解説 $\dfrac{6!}{2!3!1!}(2x)^2(-y)^3(3z)=-\dfrac{6!}{2!3!1!}\times 2^2\times 3\times x^2y^3z$
ゆえに, $-\dfrac{6!}{2!3!1!}\times 2^2\times 3=-720$

53 -363

解説 一般項は,
$\dfrac{7!}{p!q!r!}(2x^2)^p x^q(-1)^r=\dfrac{7!}{p!q!r!}\times(-1)^r\times 2^p\times x^{2p+q}$　　　ただし, $p+q+r=7$
$x^{2p+q}=x^7$ より, $2p+q=7$
p, q は 0 以上の整数より, $p=0$, 1, 2, 3
よって, $(p, q, r)=(0, 7, 0)$, $(1, 5, 1)$, $(2, 3, 2)$, $(3, 1, 3)$
ゆえに, $\dfrac{7!}{0!7!0!}+\dfrac{7!}{1!5!1!}\times(-1)\times 2+\dfrac{7!}{2!3!2!}\times(-1)^2\times 2^2+\dfrac{7!}{3!1!3!}\times(-1)^3\times 2^3$
$=-363$

1 (1) 96 個 (2) 36 個 (3) ① 3014 ② 59 番目

解説 (1) 千の位は 0 以外の 4 通りあり, 百の位, 十の位, 一の位は ${}_4P_3$ 通りある。
ゆえに, $4\times {}_4P_3=96$
(2) 3 の倍数になるのは, 4 つの数が 0, 1, 2, 3, または, 0, 2, 3, 4 のときである。
ゆえに, $3\times {}_3P_3\times 2=36$
(3) ① 千の位が 1 か 2 か 3 である整数は, それぞれ ${}_4P_3=24$(通り) ある。
$24\times 2=48$ より, 千の位は 3 である。
よって, 千の位が 3 である 4 けたの整数のうち, 2 番目に小さい数が求める整数である。
② 千の位が 1 か 2 である整数は, それぞれ ${}_4P_3=24$(通り) ある。
千の位が 3 であり, 百の位が 0 である整数は, ${}_3P_2=6$(通り) ある。
千の位が 3, 百の位が 1 であり, 十の位が 0 か 2 である整数は, それぞれ ${}_2P_1=2$(通り) ある。
また, 3140 は, 千の位が 3, 百の位が 1, 十の位が 4 である整数のうち, 最も小さい数である。
ゆえに, $24\times 2+6+2\times 2+1=59$

2 (1) 1260 通り (2) 105 通り (3) 150 通り

解説 (1) $\dfrac{9!}{4!3!2!}=1260$

(2) 白球3個をひとまとめにして1個と考えると，$\dfrac{7!}{4!2!}=105$

(3) はじめに，白球3個と青球2個を並べ，つぎに，その両端と4つの間の計6か所のうちの4か所に赤球を並べればよい。

ゆえに，$\dfrac{5!}{3!2!}\times {}_6\mathrm{C}_4=10\times {}_6\mathrm{C}_2=10\times\dfrac{6\times 5}{2\times 1}=150$

3 (1) 2 通り (2) 30 通り

解説 (1) はじめに，正四面体の1つの面に4色あるうちの1色を塗る。
つぎに，残りの3つの面に残った3色を塗ることは円順列と考える。
ゆえに，$(3-1)!=2$

(2) はじめに，立方体の1つの面に6色あるうちの1色を塗ると，その対面の塗り方は5通りある。
つぎに，残りの4つの面に残った4色を塗ることは円順列と考えると，$(4-1)!$ 通りある。
ゆえに，$5\times(4-1)!=30$

4 6 通り

解説 10 円，50 円，100 円の硬貨をそれぞれ $(x+1)$ 枚，$(y+1)$ 枚，$(z+1)$ 枚使うとすると，$10(x+1)+50(y+1)+100(z+1)=420$ より，$x+5y+10z=26$
x，y，z は 0 以上の整数，$x+y+z\leqq 12$ であるから，$z=2$，1，0
$z=2$ のとき，$x+5y=6$ $x+y\leqq 10$ であるから，$y=1$，0
よって，$(x, y)=(1, 1)$，$(6, 0)$
$z=1$ のとき，$x+5y=16$ $x+y\leqq 11$ であるから，$y=3$，2
よって，$(x, y)=(1, 3)$，$(6, 2)$
$z=0$ のとき，$x+5y=26$ $x+y\leqq 12$ であるから，$y=5$，4
よって，$(x, y)=(1, 5)$，$(6, 4)$

5 (1) 792 通り (2) 180 通り (3) 244 通り

解説 (1) ${}_{12}\mathrm{C}_5=\dfrac{12\times 11\times 10\times 9\times 8}{5\times 4\times 3\times 2\times 1}=792$

(2) A地点からP地点までの行き方は ${}_3\mathrm{C}_1$ 通りあり，P地点からQ地点までの行き方は ${}_4\mathrm{C}_2$ 通りあり，Q地点からB地点までの行き方は ${}_5\mathrm{C}_2$ 通りある。

ゆえに，${}_3\mathrm{C}_1\times {}_4\mathrm{C}_2\times {}_5\mathrm{C}_2=\dfrac{3}{1}\times\dfrac{4\times 3}{2\times 1}\times\dfrac{5\times 4}{2\times 1}=180$

(3) A地点からP地点を通ってB地点までの行き方は ${}_3\mathrm{C}_1\times {}_9\mathrm{C}_4$（通り）あり，A地点からQ地点を通ってB地点までの行き方は ${}_7\mathrm{C}_3\times {}_5\mathrm{C}_2$（通り）ある。

よって，P地点またはQ地点を通る行き方は，

${}_3\mathrm{C}_1\times {}_9\mathrm{C}_4+{}_7\mathrm{C}_3\times {}_5\mathrm{C}_2-180=\dfrac{3}{1}\times\dfrac{9\times 8\times 7\times 6}{4\times 3\times 2\times 1}+\dfrac{7\times 6\times 5}{3\times 2\times 1}\times\dfrac{5\times 4}{2\times 1}-180=548$（通り）

ゆえに，$792-548=244$

6 (1) 630 通り (2) 105 通り (3) 350 通り

解説 (1) $_7C_2 \times _5C_2 \times _3C_2 = \dfrac{7 \times 6}{2 \times 1} \times \dfrac{5 \times 4}{2 \times 1} \times \dfrac{3 \times 2}{2 \times 1} = 630$

(2) $\dfrac{_7C_2 \times _5C_2 \times _3C_2}{3!} = 105$

(3) 1人, 1人, 1人, 4人の4つの組に分けるとき,

分け方は, $\dfrac{_7C_1 \times _6C_1 \times _5C_1}{3!} = 35$ (通り)

1人, 1人, 2人, 3人の4つの組に分けるとき,

分け方は, $\dfrac{_7C_1 \times _6C_1 \times _5C_2}{2!} = 210$ (通り)

また, (2)の分け方の 105 通りがある。

ゆえに, $35 + 210 + 105 = 350$

7 (1) ① 560 通り ② 32 通り ③ 516 個 (2) ① 14 個 ② 20 個

解説 (1) ① $_{16}C_3 = \dfrac{16 \times 15 \times 14}{3 \times 2 \times 1} = 560$

② 座標軸に平行な直線は 8 本ある。そのそれぞれに対して, 格子点の選び方は, 直線上にある 4 点のうちの 3 点を選べばよいので, $_4C_3 = 4$ (通り) ある。

ゆえに, $4 \times 8 = 32$

③ 選ばれた 3 点で三角形ができないのは, その 3 点が一直線上にあるときである。3 点が直線 $y = x$ 上, または, $y = -x + 3$ 上にあるとき, そのそれぞれに対して, 格子点の選び方は, $_4C_3 = 4$ (通り) ある。

また, 3 点が直線 $y = x + 1$ 上, $y = x - 1$ 上, $y = -x + 2$ 上, $y = -x + 4$ 上にあるとき, そのそれぞれに対して, 格子点の選び方は 1 通りある。

よって, ②を含めて, 三角形ができない格子点の選び方は,

$32 + 4 \times 2 + 1 \times 4 = 44$ (通り)

ゆえに, $560 - 44 = 516$

(2) ① 1 辺の長さが 1 の正方形は 9 個でき, 1 辺の長さが 2 の正方形は, 正方形の中心の位置を考えると 4 個できる。また, 1 辺の長さが 3 の正方形は 1 個できる。

ゆえに, 求める正方形の数は 14 個である。

② 次の図のように, できた正方形のうち, その辺が座標軸に平行でないものが, 1 辺の長さが $\sqrt{2}$ のときは 4 個でき, 1 辺の長さが $\sqrt{5}$ のときは 2 個できる。

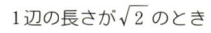

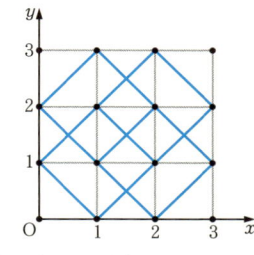

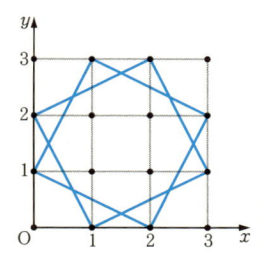

ゆえに, ①を含めて正方形は, $14 + 6 = 20$ (個) できる。

8 (1) 120 個　(2) 60 個　(3) 52 個

[解説] 正十二角形の頂点を A_1, A_2, ……, A_{12} とする。
(1) たとえば，$\angle A_1$ が鈍角である三角形は，$\triangle A_1A_2A_9$, $\triangle A_1A_2A_{10}$, $\triangle A_1A_2A_{11}$, $\triangle A_1A_2A_{12}$, $\triangle A_1A_3A_{10}$, $\triangle A_1A_3A_{11}$, $\triangle A_1A_3A_{12}$, $\triangle A_1A_4A_{11}$, $\triangle A_1A_4A_{12}$, $\triangle A_1A_5A_{12}$ の 10 個ある。また，残りの 11 個の頂点についても同様に 10 個ずつある。
ゆえに，$10 \times 12 = 120$
(2) たとえば，辺 A_1A_7 を斜辺とする直角三角形は，$\triangle A_1A_7A_2$, $\triangle A_1A_7A_3$, $\triangle A_1A_7A_4$, $\triangle A_1A_7A_5$, $\triangle A_1A_7A_6$, $\triangle A_1A_7A_8$, $\triangle A_1A_7A_9$, $\triangle A_1A_7A_{10}$, $\triangle A_1A_7A_{11}$, $\triangle A_1A_7A_{12}$ の 10 個ある。また，辺 A_2A_8, A_3A_9, A_4A_{10}, A_5A_{11}, A_6A_{12} を斜辺とする直角三角形についても同様に 10 個ずつある。
ゆえに，$10 \times 6 = 60$
(3) たとえば，A_1 を頂点とする二等辺三角形は，$\triangle A_1A_2A_{12}$, $\triangle A_1A_3A_{11}$, $\triangle A_1A_4A_{10}$, $\triangle A_1A_5A_9$, $\triangle A_1A_6A_8$ の 5 個あり，この中の $\triangle A_1A_5A_9$ は正三角形である。また，残りの 11 個の頂点についても同様に 5 個ずつあるので $5 \times 12 = 60$（個）あるが，この中には，4 つの正三角形がそれぞれ 3 回ずつ数えられている。
ゆえに，$60 - (3-1) \times 4 = 52$

9 (1) 36 通り　(2) 756 通り　(3) 615 通り

[解説] (1) $_3H_7 = {}_{3+7-1}C_7 = {}_9C_2 = 36$
(2) $_3H_7 \times _3H_5 = {}_{3+7-1}C_7 \times {}_{3+5-1}C_5 = {}_9C_2 \times {}_7C_2 = 756$
(3) 空の袋が 2 袋ある場合は，すべての球を A，B，C のうちのいずれか 1 袋に入れるときであるから，3 通りある。
空の袋が 1 袋ある場合については，たとえば，A が空のときを考える。
B と C にすべての球を入れるのは，赤球の入れ方は $_2H_7 = 8$（通り）あり，白球の入れ方は $_2H_5 = 6$（通り）あるから，$8 \times 6 = 48$（通り）ある。
この中には，すべての球が B に入る場合と C に入る場合の 2 通りが含まれているので，B と C が空でない入れ方は，$48 - 2 = 46$（通り）ある。
また，B，C が空の場合もそれぞれ同様であるから，空の袋が 1 袋ある場合の入れ方は，$46 \times 3 = 138$（通り）ある。ゆえに，$756 - (3 + 138) = 615$

10 (1) -560　(2) 15　(3) 270　(4) $a = \pm 2$

[解説] (1) $_7C_3 (2x)^{7-3} (-1)^3 = {}_7C_3 \times 2^4 \times (-1) \times x^4$ より，
$_7C_3 \times 2^4 \times (-1) = {}_7C_3 \times (-16) = \dfrac{7 \times 6 \times 5}{3 \times 2 \times 1} \times (-16) = -560$

(2) $_6C_r (x^2)^{6-r} x^r = {}_6C_r x^{12-r}$
$12 - r = 8$ より，$r = 4$　　ゆえに，$_6C_4 = {}_6C_2 = \dfrac{6 \times 5}{2 \times 1} = 15$

(3) $_5C_r (3x^2)^{5-r} \left(-\dfrac{1}{x}\right)^r = {}_5C_r \times 3^{5-r} \times x^{10-2r} \times \dfrac{(-1)^r}{x^r} = {}_5C_r \times 3^{5-r} \times (-1)^r \times x^{10-3r}$
$10 - 3r = 4$ より，$r = 2$　　ゆえに，$_5C_2 \times 3^3 \times (-1)^2 = \dfrac{5 \times 4}{2 \times 1} \times 27 = 270$

(4) $_6C_r (ax^2)^{6-r} \left(\dfrac{1}{x^3}\right)^r = {}_6C_r \times a^{6-r} \times x^{12-2r} \times \dfrac{1}{x^{3r}} = {}_6C_r \times a^{6-r} \times x^{12-5r}$
$12 - 5r = -8$ より，$r = 4$　　$_6C_4 \times a^2 = {}_6C_2 \times a^2 = \dfrac{6 \times 5}{2 \times 1} \times a^2 = 15a^2$
$15a^2 = 60$　　$a^2 = 4$　　ゆえに，$a = \pm 2$

3章 確率

1 $\dfrac{18}{35}$

[解説] $\dfrac{{}_4C_2 \times {}_3C_1}{{}_7C_3} = \dfrac{18}{35}$

2 (1) $\dfrac{8}{15}$　(2) $\dfrac{4}{15}$

[解説] 起こり得る場合の数は，${}_{15}C_2 = 105$（通り）
(1) 和が奇数になるのは，1枚が偶数で，もう1枚が奇数のときであるから，
${}_7C_1 \times {}_8C_1 = 56$（通り）
(2) 積が奇数になるのは，2枚とも奇数のときであるから，
${}_8C_2 = 28$（通り）

3 (1) $\dfrac{11}{221}$　(2) $\dfrac{80}{221}$

[解説] 起こり得る場合の数は，${}_{52}C_2 = 1326$（通り）
(1) 2枚とも絵札である場合の数は，${}_{12}C_2 = 66$（通り）
(2) 1枚が絵札である場合の数は，${}_{12}C_1 \times {}_{40}C_1 = 480$（通り）

4 (1) $\dfrac{3}{11}$　(2) $\dfrac{29}{44}$

[解説] 起こり得る場合の数は，${}_{12}C_3 = 220$（通り）
(1) ${}_5C_1 \times {}_4C_1 \times {}_3C_1 = 60$（通り）
(2) ${}_5C_2 \times {}_7C_1 + {}_4C_2 \times {}_8C_1 + {}_3C_2 \times {}_9C_1 = 70 + 48 + 27 = 145$（通り）

5 (1) $\dfrac{4}{7}$　(2) $\dfrac{17}{35}$

[解説] 3桁の整数は，${}_7P_3 = 210$（個）
(1) 3桁の奇数は，$4 \times {}_6P_2 = 120$（個）
(2) 百の位が5か6か7である整数は，$3 \times {}_6P_2 = 90$（個）ある。
百の位が4で，十の位が6か7である整数は，$2 \times {}_5P_1 = 10$（個）ある。
百の位が4で，十の位が5で，453よりも大きい数は2個ある。
よって，453よりも大きい数は102個ある。

6 (1) $\dfrac{1}{7}$　(2) $\dfrac{4}{35}$　(3) $\dfrac{2}{7}$

[解説] 7人が1列に並ぶから，並び方は$7!$通りある。
(1) 両端に女子がいるのは${}_3P_2$通りあり，そのそれぞれに対して，残りの5人の並び方は$5!$通りある。
よって，両端に女子がいる並び方は ${}_3P_2 \times 5!$（通り）ある。

ゆえに，求める確率は $\dfrac{{}_3P_2 \times 5!}{7!} = \dfrac{1}{7}$

(2) 男子4人をひとまとめにして1人と考えると，4人の並び方は$4!$通りあり，そのそれぞれに対して，男子4人の並び方は$4!$通りある。

よって，男子4人が隣り合う並び方は 4!×4!（通り）ある。

ゆえに，求める確率は $\dfrac{4!\times 4!}{7!}=\dfrac{4}{35}$

(3) 男子4人の並び方は4!通りあり，そのそれぞれに対して，男子の両端と間の計5か所のうちの3か所に女子が並べばよい。

よって，女子が隣り合わない並び方は $4!\times {}_5P_3$（通り）ある。

ゆえに，求める確率は $\dfrac{4!\times {}_5P_3}{7!}=\dfrac{2}{7}$

7 (1) $\dfrac{1}{90}$ (2) $\dfrac{1}{15}$

解説 6人が1列に並ぶから，並び方は6!通りある。

(1) それぞれの組の生徒の並び方は2通りずつある。

ゆえに，求める確率は $\dfrac{2\times 2\times 2}{6!}=\dfrac{1}{90}$

(2) A，B，C組の並び方は3!通りあり，そのそれぞれに対して，生徒の並び方は 2×2×2（通り）ある。

ゆえに，求める確率は $\dfrac{3!\times 2\times 2\times 2}{6!}=\dfrac{1}{15}$

8 (1) $\dfrac{1}{14}$ (2) $\dfrac{1}{7}$

解説 9人が円形のテーブルのまわりに座るから，座り方は (9−1)!=8!（通り）ある。

(1) 男子5人が円形のテーブルのまわりに座るから，座り方は (5−1)!=4!（通り）ある。

女子4人は5か所ある男子の間に座ればよいから，座り方は ${}_5P_4$ 通りある。

ゆえに，求める確率は $\dfrac{4!\times {}_5P_4}{8!}=\dfrac{1}{14}$

(2) 男子5人の座り方は (5−1)!=4!（通り）ある。

女子4人は2組に分かれて，5か所ある男子の間のうちの2か所に座ればよいから，その2か所の選び方は ${}_5C_2$ 通りある。

女子4人は2人ずつ2組に分かれて2か所に座るから，その2か所への4人の分け方は ${}_4C_2$ 通りあり，そのそれぞれに対して，女子の並び方は 2×2（通り）ある。

ゆえに，求める確率は $\dfrac{4!\times {}_5C_2\times {}_4C_2\times 2\times 2}{8!}=\dfrac{1}{7}$

9 (1) $\dfrac{5}{81}$ (2) $\dfrac{10}{81}$ (3) $\dfrac{17}{27}$

解説 手の出し方は1人につき3通りあるから，5人の手の出し方は 3^5 通りある。

(1) 5人の中から勝つ1人の決め方は5通りあり，そのそれぞれに対して，その1人が勝つ手の出し方は3通りある。

ゆえに，求める確率は $\dfrac{5\times 3}{3^5}=\dfrac{5}{81}$

(2) 5人の中から勝つ2人の決め方は ${}_5C_2$ 通りあり，そのそれぞれに対して，その2人が勝つ手の出し方は3通りある。

ゆえに，求める確率は $\dfrac{{}_5C_2\times 3}{3^5}=\dfrac{10}{81}$

(3) 勝負がつかないのは,「5人が同じ手を出したとき」と「出した手が3種類あるとき」の2通りの場合である。
「5人が同じ手を出したとき」の場合は,手の出し方は3通りある。
「出した手が3種類あるとき」の場合は,「3人が同じ手を出す」と「2人ずつ違った2種類の手を出す」の2通りがある。
「3人が同じ手を出す」の場合は,3人の決め方は $_5C_3$ 通りあり,手の出し方は6通りあるから $_5C_3 \times 6 = 60$（通り）ある。
「2人ずつ違った2種類の手を出す」の場合は,2組の2人の決め方は
$_5C_2 \times _3C_2 \div 2 = 15$（通り）あり,手の出し方は6通りあるから $15 \times 6 = 90$（通り）ある。

ゆえに,求める確率は $\dfrac{3+60+90}{3^5} = \dfrac{17}{27}$

別解 (3) 勝負がつくのは,2種類の手だけが出た場合である。
この場合,5人にはそれぞれ2通りの手の出し方があるが,全員が同じ手を出すと勝負がつかないことを考えると,勝負がつく確率は,

$\dfrac{3(2^5-2)}{3^5} = \dfrac{3 \times 30}{3^5} = \dfrac{10}{27}$　　ゆえに,求める確率は　$1 - \dfrac{10}{27} = \dfrac{17}{27}$

10 (1) $\dfrac{n(n-1)}{2 \times 3^{n-1}}$　(2) $\dfrac{3^{n-1} - 2^n + 2}{3^{n-1}}$

解説 (1) 勝つ手の出し方は3通りあり,n 人の中から勝つ2人の決め方は,
$_nC_2 = \dfrac{n(n-1)}{2}$（通り）ある。

ゆえに,求める確率は　$\dfrac{3 \times \dfrac{n(n-1)}{2}}{3^n} = \dfrac{n(n-1)}{2 \times 3^{n-1}}$

(2) 勝負がつくのは,2種類の手だけが出た場合である。
この場合,n 人にはそれぞれ2通りの手の出し方があるが,全員が同じ手を出すと勝負がつかない。
勝つ手の出し方は3通りあるから,勝負がつく場合の数は $3(2^n-2)$ 通りである。

ゆえに,求める確率は　$1 - \dfrac{3(2^n-2)}{3^n} = \dfrac{3^{n-1} - 2^n + 2}{3^{n-1}}$

11 (1) $\dfrac{1}{15}$　(2) $\dfrac{85}{99}$

解説 12本から4本を引く場合の数は,$_{12}C_4 = 495$（通り）である。
(1) 3本当たる場合の数は $_4C_3 \times _8C_1 = 32$（通り）であり,4本当たる場合の数は1通りである。

ゆえに,求める確率は　$\dfrac{32}{495} + \dfrac{1}{495} = \dfrac{1}{15}$

(2) 4本ともはずれである場合の数は $_8C_4 = 70$（通り）である。

ゆえに,求める確率は　$1 - \dfrac{70}{495} = \dfrac{85}{99}$

12 (1) $\dfrac{10}{21}$　(2) $\dfrac{16}{21}$

解説 9個から3個を取り出す場合の数は,$_9C_3 = 84$（通り）である。
(1)「どの色も取り出される」事象を A とし,「青球は取り出されず,白球と赤球がともに取り出される」事象を B とする。

A が起こる場合の数は，$2\times 4\times 3=24$（通り）
B が起こる場合の数は，${}_2C_1\times{}_4C_2+{}_2C_2\times{}_4C_1=16$（通り）
事象 A と B は互いに排反である。
ゆえに，求める確率は $\dfrac{24}{84}+\dfrac{16}{84}=\dfrac{10}{21}$

(2) 青球が取り出されない場合の数は，${}_6C_3=20$（通り）
ゆえに，求める確率は $1-\dfrac{20}{84}=\dfrac{16}{21}$

13 (1) $\dfrac{1}{36}$　(2) $\dfrac{1}{36}$　(3) $\dfrac{23}{72}$　(4) $\dfrac{35}{72}$

[解説] 大，中，小のさいころの目の出方は 6^3 通りある。三角形をつくることができる条件が，「2 辺の長さの和が他の 1 辺の長さよりも大きい」ということに注意する。
(1) 正三角形になるのは，$a=b=c$ の場合であるから 6 通りある。
ゆえに，求める確率は $\dfrac{6}{6^3}=\dfrac{1}{36}$

(2) 直角三角形になるのは，3 辺が 3，4，5 の場合である。
よって，直角三角形になる目の出方は $3!=6$（通り）ある。
ゆえに，求める確率は $\dfrac{6}{6^3}=\dfrac{1}{36}$

(3) 正三角形ではない二等辺三角形をつくることができる場合の数を求める。
二等辺三角形の等辺の長さが，他の 1 辺の長さよりも大きくなるような目の組合せの数は，${}_6C_2=15$（通り）である。
二等辺三角形の等辺の長さが，他の 1 辺の長さよりも小さくなるような目の組合せは，
$\{6, 5, 5\}$，$\{6, 4, 4\}$，$\{5, 4, 4\}$，$\{5, 3, 3\}$，$\{4, 3, 3\}$，$\{3, 2, 2\}$ の 6 通りある。
よって，正三角形ではない二等辺三角形をつくることができる目の出方は，
$15\times 3+6\times 3=63$（通り）ある。
ゆえに，(1)を含めて，求める確率は $\dfrac{63}{6^3}+\dfrac{1}{36}=\dfrac{23}{72}$

(4) 3 辺の長さが異なる三角形をつくることができる目の組合せは，$\{6, 5, 4\}$，$\{6, 5, 3\}$，$\{6, 5, 2\}$，$\{6, 4, 3\}$，$\{5, 4, 3\}$，$\{5, 4, 2\}$，$\{4, 3, 2\}$ の 7 通りあるから，目の出方は $7\times 3!=42$（通り）ある。
よって，(3)を含めて，三角形をつくることができる確率は，$\dfrac{42}{6^3}+\dfrac{23}{72}=\dfrac{37}{72}$
ゆえに，求める確率は $1-\dfrac{37}{72}=\dfrac{35}{72}$

14 $\dfrac{5}{6}$

[解説] 起こり得る場合の数は，${}_9C_2=36$（通り）
「書いてある 2 つの数の差が 2 以下である」事象を A とし，「書いてある 2 つの数の積が偶数である」事象を B とする。
2 つの数の差が 1 であるのは，$\{1, 2\}$，$\{2, 3\}$，…，$\{8, 9\}$ の 8 通りあり，差が 2 であるのは，$\{1, 3\}$，$\{2, 4\}$，…，$\{7, 9\}$ の 7 通りあるから，
$P(A)=\dfrac{15}{36}$

2つの数の積が奇数であるのは $_5C_2=10$（通り）あるから，
$$P(B)=1-\frac{10}{36}=\frac{26}{36}$$
また，2つの数の差が2以下で，かつ積が奇数であるのは，$\{1, 3\}$，$\{3, 5\}$，$\{5, 7\}$，$\{7, 9\}$ の4通りあり，2つの数の差が2以下で，かつ積が偶数であるのは $15-4=11$（通り）ある。
よって，$P(A\cap B)=\dfrac{11}{36}$

ゆえに，求める確率は $P(A\cup B)=P(A)+P(B)-P(A\cap B)=\dfrac{15}{36}+\dfrac{26}{36}-\dfrac{11}{36}=\dfrac{5}{6}$

15 (1) 462通り (2) $\dfrac{5}{11}$ (3) $\dfrac{51}{77}$ (4) $\dfrac{191}{231}$

解説 (1) AからBまでの行き方は $_{11}C_5=462$（通り）ある。
(2) AからMまでの行き方は $_4C_2$ 通りあり，MからBまでの行き方は $_7C_3$ 通りある。
ゆえに，求める確率は $\dfrac{_4C_2\times_7C_3}{462}=\dfrac{210}{462}=\dfrac{5}{11}$
(3) AからNを通ってBまでの行き方は $_8C_3\times_3C_2=168$（通り）あるから，
AからNを通ってBまで行く確率は，$\dfrac{168}{462}=\dfrac{4}{11}$
AからM，Nを通ってBまでの行き方は $_4C_2\times_4C_1\times_3C_2=72$（通り）あるから，
AからM，Nを通ってBまで行く確率は，$\dfrac{72}{462}=\dfrac{12}{77}$

ゆえに，求める確率は $\dfrac{5}{11}+\dfrac{4}{11}-\dfrac{12}{77}=\dfrac{51}{77}$

(4) AからRを通ってBまでの行き方は $_6C_3\times_4C_1=80$（通り）ある。
ゆえに，求める確率は $1-\dfrac{80}{462}=\dfrac{191}{231}$

16 (1) $\dfrac{5}{9}$ (2) $\dfrac{19}{27}$ (3) $\dfrac{133}{216}$

解説 さいころの目の出方は 6^3 通りある。
(1) 3人が出した目の数が互いに異なるから，その目の組合せの数は $_6C_3=20$（通り）ある。
よって，3人の互いに異なる目の数の出方は $20\times3!=120$（通り）ある。
ゆえに，求める確率は $\dfrac{120}{6^3}=\dfrac{5}{9}$

(2)「目の数の積が3の倍数になる」事象を A とすると，$\overline{A}$ は「3人が出した目の数は3でも6でもない」事象である。
ゆえに，求める確率は $P(A)=1-P(\overline{A})=1-\dfrac{4^3}{6^3}=1-\dfrac{8}{27}=\dfrac{19}{27}$

(3)「目の数の積が3の倍数になる」事象を A とし，「目の数の積が2の倍数になる」事象を B とすると，「目の数の積が6の倍数になる」事象は $A\cap B$ である。
$P(A\cap B)=1-P(\overline{A\cap B})$
$\overline{A\cap B}=\overline{A}\cup\overline{B}$ であるから，
$P(\overline{A\cap B})=P(\overline{A}\cup\overline{B})=P(\overline{A})+P(\overline{B})-P(\overline{A}\cap\overline{B})$

$$P(\overline{A})=\frac{4^3}{6^3}=\frac{64}{216}, \qquad P(\overline{B})=\frac{3^3}{6^3}=\frac{27}{216}, \qquad P(\overline{A}\cap\overline{B})=\frac{2^3}{6^3}=\frac{8}{216}$$

ゆえに，求める確率は
$$P(A\cap B)=1-P(\overline{A\cap B})=1-\left(\frac{64}{216}+\frac{27}{216}-\frac{8}{216}\right)=\frac{133}{216}$$

17 (1) $\dfrac{1}{36}$ (2) $\dfrac{1}{81}$ (3) $\dfrac{101}{216}$

[解説] 4個のさいころの目の出方は 6^4 通りある。

(1) $a=30$ になる目の組合せは，$\{1, 1, 5, 6\}$，$\{1, 2, 3, 5\}$ の2通りの場合である。

$\{1, 1, 5, 6\}$ のとき，目の出方は $\dfrac{4!}{2!}=12$（通り）

$\{1, 2, 3, 5\}$ のとき，目の出方は $4!=24$（通り）

ゆえに，求める確率は $\dfrac{12+24}{6^4}=\dfrac{1}{36}$

(2) a が10と互いに素になるのは，目の数が2の倍数ではなく，5でもないときである。

よって，目の数が1か3のどちらかのときであるから，$2^4=16$（通り）ある。

ゆえに，求める確率は $\dfrac{16}{6^4}=\dfrac{1}{81}$

(3) a が10の倍数でないのは，次の2通りの場合である。
① 目の数がすべて奇数である。
② 目の数がすべて5ではない。

「目の数がすべて奇数である」事象を A とし，「目の数がすべて5ではない」事象を B とする。

$A\cap B$ は，「目の数が1か3である」事象である。

また，「a が10の倍数である」事象は，$\overline{A\cup B}$ である。

$P(\overline{A\cup B})=1-P(A\cup B)$

$P(A\cup B)=P(A)+P(B)-P(A\cap B)=\dfrac{3^4}{6^4}+\dfrac{5^4}{6^4}-\dfrac{2^4}{6^4}=\dfrac{115}{216}$

ゆえに，求める確率は $1-\dfrac{115}{216}=\dfrac{101}{216}$

問1 (1) 独立である (2) 独立である (3) 独立ではない

18 $\dfrac{19}{50}$

[解説] 袋Aから2個の球を取り出す試行と，袋Bから2個の球を取り出す試行は独立である。

袋Aから取り出した球が，

2個とも赤球である確率は $\dfrac{{}_4C_2}{{}_6C_2}=\dfrac{6}{15}$

赤球と白球である確率は $\dfrac{{}_4C_1\times{}_2C_1}{{}_6C_2}=\dfrac{8}{15}$

2個とも白球である確率は $\dfrac{{}_2C_2}{{}_6C_2}=\dfrac{1}{15}$ である。

袋Bから取り出した球が,

2個とも赤球である確率は $\dfrac{{}_2C_2}{{}_5C_2}=\dfrac{1}{10}$

赤球と白球である確率は $\dfrac{{}_2C_1\times{}_3C_1}{{}_5C_2}=\dfrac{6}{10}$

2個とも白球である確率は $\dfrac{{}_3C_2}{{}_5C_2}=\dfrac{3}{10}$ である。

ゆえに, 求める確率は $\dfrac{6}{15}\times\dfrac{1}{10}+\dfrac{8}{15}\times\dfrac{6}{10}+\dfrac{1}{15}\times\dfrac{3}{10}=\dfrac{19}{50}$

19 $\dfrac{5}{12}$

解説 Aがさいころを投げる試行と, Bがさいころを投げる試行は独立である。

Aのさいころの目が1のとき, Bのさいころの目は2以上であればよいから, この場合の確率は $\dfrac{1}{6}\times\dfrac{5}{6}$ である。

Aのさいころの目が2のとき, Bのさいころの目は3以上であればよいから, この場合の確率は $\dfrac{1}{6}\times\dfrac{4}{6}$ である。

Aのさいころの目が3, 4, 5のときも同様に考える。

ゆえに, 求める確率は $\dfrac{1}{6}\times\dfrac{5}{6}+\dfrac{1}{6}\times\dfrac{4}{6}+\dfrac{1}{6}\times\dfrac{3}{6}+\dfrac{1}{6}\times\dfrac{2}{6}+\dfrac{1}{6}\times\dfrac{1}{6}=\dfrac{5}{12}$

20 (1) $\dfrac{1}{10}$ (2) $\dfrac{7}{15}$ (3) $\dfrac{19}{20}$

解説 A, B, Cの種子が, 発芽するかしないかは独立である。

(1) $\dfrac{2}{5}\times\dfrac{3}{4}\times\left(1-\dfrac{2}{3}\right)=\dfrac{1}{10}$

(2) $\left(1-\dfrac{2}{5}\right)\times\dfrac{3}{4}\times\dfrac{2}{3}+\dfrac{2}{5}\times\left(1-\dfrac{3}{4}\right)\times\dfrac{2}{3}+\dfrac{2}{5}\times\dfrac{3}{4}\times\left(1-\dfrac{2}{3}\right)=\dfrac{7}{15}$

(3) $1-\left(1-\dfrac{2}{5}\right)\times\left(1-\dfrac{3}{4}\right)\times\left(1-\dfrac{2}{3}\right)=\dfrac{19}{20}$

21 (1) $\dfrac{1}{32}$ (2) $\dfrac{5}{16}$ (3) $\dfrac{21}{32}$

解説 A, B, Cの袋から球を取り出すそれぞれの試行は独立である。
ここでは, A, B, Cの袋から赤球(R), 白球(W), 青球(B)を取り出す組合せを, {A, B, C}={R, W, B} のようにして考える。

(1) 1種類の場合は {A, B, C}={W, W, W} のときである。

ゆえに, 求める確率は $\dfrac{2}{4}\times\dfrac{1}{4}\times\dfrac{1}{4}=\dfrac{1}{32}$

(2) 3種類の場合は {A, B, C}={R, W, B}, {R, B, W}, {W, B, R} のいずれかのときである。

ゆえに, 求める確率は $\dfrac{2}{4}\times\dfrac{1}{4}\times\dfrac{1}{4}+\dfrac{2}{4}\times\dfrac{3}{4}\times\dfrac{1}{4}+\dfrac{2}{4}\times\dfrac{3}{4}\times\dfrac{2}{4}=\dfrac{5}{16}$

(3) (1), (2)より, 求める確率は $1-\left(\dfrac{1}{32}+\dfrac{5}{16}\right)=\dfrac{21}{32}$

22 $\dfrac{31}{108}$

解説 1年後に1個になり，2年後に2個になる確率は，$\dfrac{1}{2}\times\dfrac{1}{3}=\dfrac{1}{6}$

1年後に2個になり，2年後に2個になるのは，次の2通りの場合である。
① 2個の球根のうちの1個が消滅し，もう1個が2個になる。
② 2個の球根が，次の年にそれぞれ1個になる。
①の場合，2個のうちのどちらが消滅するかを考えると2通りあるから，
その確率は，$\dfrac{1}{3}\times 2\times\dfrac{1}{6}\times\dfrac{1}{3}=\dfrac{1}{27}$

②の場合の確率は，$\dfrac{1}{3}\times\dfrac{1}{2}\times\dfrac{1}{2}=\dfrac{1}{12}$

ゆえに，求める確率は $\dfrac{1}{6}+\dfrac{1}{27}+\dfrac{1}{12}=\dfrac{31}{108}$

23 (1) $(1,\ 1,\ 4),\ (1,\ 1,\ 1,\ 3),\ (1,\ 1,\ 1,\ 1,\ 2)$

(2) $X=3$ となる確率は $\dfrac{7}{18}$，$X=4$ となる確率は $\dfrac{8}{27}$ (3) $\dfrac{8}{3^{n-1}}$

解説 (2) $X=3$ となるのは，(3)，(1, 2) の場合であるから，
求める確率は $\dfrac{1}{3}+\dfrac{1}{3}\times\dfrac{1}{6}=\dfrac{7}{18}$

$X=4$ となるのは，(4)，(1, 3)，(1, 1, 2) の場合であるから，
求める確率は $\dfrac{1}{6}+\dfrac{1}{3}\times\dfrac{1}{3}+\dfrac{1}{3}\times\dfrac{1}{3}\times\dfrac{1}{6}=\dfrac{8}{27}$

(3) $X=n$ となるのは，次の3通りの場合である。
① 1が $(n-2)$ 回出て，最後に2が出る場合で，確率は $\left(\dfrac{1}{3}\right)^{n-2}\times\dfrac{1}{6}$

② 1が $(n-3)$ 回出て，最後に3が出る場合で，確率は $\left(\dfrac{1}{3}\right)^{n-3}\times\dfrac{1}{3}$

③ 1が $(n-4)$ 回出て，最後に4が出る場合で，確率は $\left(\dfrac{1}{3}\right)^{n-4}\times\dfrac{1}{6}$

ゆえに，求める確率は $\left(\dfrac{1}{3}\right)^{n-2}\times\dfrac{1}{6}+\left(\dfrac{1}{3}\right)^{n-3}\times\dfrac{1}{3}+\left(\dfrac{1}{3}\right)^{n-4}\times\dfrac{1}{6}=\dfrac{8}{3^{n-1}}$

24 (1) $\dfrac{8}{27}$ (2) $\dfrac{15}{64}$

解説 (1) ${}_4C_2\left(\dfrac{1}{3}\right)^2\left(1-\dfrac{1}{3}\right)^{4-2}={}_4C_2\left(\dfrac{1}{3}\right)^2\left(\dfrac{2}{3}\right)^2=\dfrac{8}{27}$

(2) ${}_6C_4\left(\dfrac{1}{2}\right)^4\left(1-\dfrac{1}{2}\right)^{6-4}={}_6C_4\left(\dfrac{1}{2}\right)^4\left(\dfrac{1}{2}\right)^2=\dfrac{15}{64}$

25 (1) $\dfrac{5}{16}$ (2) $\dfrac{5}{32}$

解説 (1) ${}_6C_3\left(\dfrac{1}{2}\right)^3\left(1-\dfrac{1}{2}\right)^{6-3}={}_6C_3\left(\dfrac{1}{2}\right)^3\left(\dfrac{1}{2}\right)^3=\dfrac{5}{16}$

(2) ${}_5C_2\left(\dfrac{1}{2}\right)^2\left(1-\dfrac{1}{2}\right)^{5-2}\times\dfrac{1}{2}={}_5C_2\left(\dfrac{1}{2}\right)^2\left(\dfrac{1}{2}\right)^3\times\dfrac{1}{2}=\dfrac{5}{32}$

26 (1) $\dfrac{4}{27}$ (2) $\dfrac{32}{243}$

解説 (1) ${}_3C_1\left(\dfrac{1}{3}\right)\left(1-\dfrac{1}{3}\right)^{3-1}\times\dfrac{1}{3}={}_3C_1\left(\dfrac{1}{3}\right)\left(\dfrac{2}{3}\right)^2\times\dfrac{1}{3}=\dfrac{4}{27}$

(2) 白球が2回続けて出るのは，1回目と2回目，2回目と3回目，3回目と4回目，4回目と5回目の4通りである。

ゆえに，求める確率は $4\times\left(\dfrac{1}{3}\right)^2\times\left(1-\dfrac{1}{3}\right)^{5-2}=\dfrac{32}{243}$

27 (1) $\dfrac{8}{27}$ (2) $\dfrac{17}{81}$

解説 (1) ${}_4C_2\left(\dfrac{1}{3}\right)^2\left(\dfrac{2}{3}\right)^2=\dfrac{8}{27}$

(2) Aが3連勝で優勝する確率は，${}_3C_3\left(\dfrac{1}{3}\right)^3=\dfrac{1}{27}$

Aが3勝1敗で優勝する確率は，${}_3C_2\left(\dfrac{1}{3}\right)^2\left(\dfrac{2}{3}\right)\times\dfrac{1}{3}=\dfrac{2}{27}$

Aが3勝2敗で優勝する確率は，${}_4C_2\left(\dfrac{1}{3}\right)^2\left(\dfrac{2}{3}\right)^2\times\dfrac{1}{3}=\dfrac{8}{81}$

ゆえに，求める確率は $\dfrac{1}{27}+\dfrac{2}{27}+\dfrac{8}{81}=\dfrac{17}{81}$

28 (1) $\dfrac{5}{16}$ (2) $\dfrac{3}{16}$ (3) $\dfrac{1}{2}$

解説 Aさんが表を0枚，1枚，2枚出す確率は，

それぞれ ${}_3C_0\left(\dfrac{1}{2}\right)^3=\dfrac{1}{8}$, ${}_3C_1\left(\dfrac{1}{2}\right)\left(\dfrac{1}{2}\right)^2=\dfrac{3}{8}$, ${}_3C_2\left(\dfrac{1}{2}\right)^2\left(\dfrac{1}{2}\right)=\dfrac{3}{8}$ である。

Bさんが表を0枚，1枚，2枚出す確率は，

それぞれ ${}_2C_0\left(\dfrac{1}{2}\right)^2=\dfrac{1}{4}$, ${}_2C_1\left(\dfrac{1}{2}\right)\left(\dfrac{1}{2}\right)=\dfrac{1}{2}$, ${}_2C_2\left(\dfrac{1}{2}\right)^2=\dfrac{1}{4}$ である。

(1) AさんとBさんが，ともに0枚，1枚，2枚の場合である。

ゆえに，求める確率は $\dfrac{1}{8}\times\dfrac{1}{4}+\dfrac{3}{8}\times\dfrac{1}{2}+\dfrac{3}{8}\times\dfrac{1}{4}=\dfrac{5}{16}$

(2) Bさんが1枚でAさんが0枚の場合と，Bさんが2枚でAさんが0枚または1枚の場合である。

ゆえに，求める確率は $\dfrac{1}{2}\times\dfrac{1}{8}+\dfrac{1}{4}\left(\dfrac{1}{8}+\dfrac{3}{8}\right)=\dfrac{3}{16}$

(3) (1)，(2)以外の場合であるから，求める確率は $1-\left(\dfrac{5}{16}+\dfrac{3}{16}\right)=\dfrac{1}{2}$

29 (1) $\dfrac{1}{8}$ (2) $\dfrac{1}{4}$ (3) $\dfrac{n^2-3n+4}{2^{n+1}}$ (4) $\dfrac{n^2+5n+8}{2^{n+3}}$

解説 (1) 偶数が3回出る場合である。

(2) 4回で終わるのは，次の2通りの場合である。

① 奇数の目が4回出る。

② 最初の3回の操作で，偶数の目が2回，奇数の目が1回出て，最後に偶数の目が出る。

ゆえに，求める確率は $\left(\dfrac{1}{2}\right)^4+{}_3C_2\left(\dfrac{1}{2}\right)^2\left(\dfrac{1}{2}\right)\times\dfrac{1}{2}=\dfrac{1}{4}$

(3) n 回で終わるのは，次の 2 通りの場合である。
① 奇数の目が n 回出る。
② 最初の $(n-1)$ 回の操作で，偶数の目が 2 回，奇数の目が $(n-3)$ 回出て，最後に偶数の目が出る。

ゆえに，求める確率は $\quad \left(\dfrac{1}{2}\right)^n + {}_{n-1}C_2 \left(\dfrac{1}{2}\right)^2 \left(\dfrac{1}{2}\right)^{n-3} \times \dfrac{1}{2} = \dfrac{n^2-3n+4}{2^{n+1}}$

(4) 最後に奇数が出て終わるのは，次の 3 通りの場合である。
① 最初から奇数の目が続けて n 回出る。
② 最初の n 回の操作で，偶数の目が 1 回，奇数の目が $(n-1)$ 回出て，最後に奇数の目が出る。
③ 最初の $(n+1)$ 回の操作で，偶数の目が 2 回，奇数の目が $(n-1)$ 回出て，最後に奇数の目が出る。

ゆえに，求める確率は

$\left(\dfrac{1}{2}\right)^n + {}_nC_1 \left(\dfrac{1}{2}\right)\left(\dfrac{1}{2}\right)^{n-1} \times \dfrac{1}{2} + {}_{n+1}C_2 \left(\dfrac{1}{2}\right)^2 \left(\dfrac{1}{2}\right)^{n-1} \times \dfrac{1}{2} = \dfrac{n^2+5n+8}{2^{n+3}}$

30 $\dfrac{41}{81}$

解説 さいころを 4 回投げて，点 P が頂点 A に戻っているのは，次の 3 通りの場合である。
① 4 回とも 2 以下の目が出る。
② 4 回のうち 2 以下の目が 2 回出る。
③ 4 回とも 3 以上の目が出る。

ゆえに，求める確率は $\quad {}_4C_4 \left(\dfrac{1}{3}\right)^4 + {}_4C_2 \left(\dfrac{1}{3}\right)^2 \left(\dfrac{2}{3}\right)^2 + {}_4C_0 \left(\dfrac{2}{3}\right)^4 = \dfrac{41}{81}$

31 (1) $\dfrac{15}{64}$ (2) $\dfrac{3}{32}$

解説 (1) 硬貨を 6 回投げて，表が r 回出たときの点 P の数直線上の座標は，
$2r+(-1)(6-r)=3r-6$ である。
$3r-6=0$ より，$r=2$

ゆえに，求める確率は $\quad {}_6C_2 \left(\dfrac{1}{2}\right)^2 \left(\dfrac{1}{2}\right)^4 = \dfrac{15}{64}$

(2) 硬貨を 3 回投げて，表が 1 回，裏が 2 回出ると点 P は原点に戻る。
ゆえに，(1)より，求める確率は

$\dfrac{15}{64} - {}_3C_1 \left(\dfrac{1}{2}\right)\left(\dfrac{1}{2}\right)^2 \times {}_3C_1 \left(\dfrac{1}{2}\right)\left(\dfrac{1}{2}\right)^2 = \dfrac{15}{64} - \left(\dfrac{3}{8}\right)^2 = \dfrac{3}{32}$

32 $\dfrac{7}{128}$

解説 10 回のうち，表の出る回数を x 回とすると，裏の出る回数は $(10-x)$ 回である。
硬貨を 10 回投げた後，A さんがいるのは $11+x-(10-x)=2x+1$ (階)
A さんは 6 階より下にいるので，$2x+1<6$ より，$2x<5$ よって，$x \leqq 2$

ゆえに，求める確率は $\quad ({}_{10}C_2 + {}_{10}C_1 + {}_{10}C_0)\left(\dfrac{1}{2}\right)^{10} = \dfrac{56}{2^{10}} = \dfrac{7}{128}$

33 (1) $\dfrac{5}{24}$ (2) $\dfrac{5}{8}$

解説 最初の人が赤球を取り出す事象を A とし，2番目の人が白球を取り出す事象を B とする。

(1) $P(A)=\dfrac{3}{8}$, $P_A(B)=\dfrac{5}{9}$ より, $P(A\cap B)=P(A)P_A(B)=\dfrac{3}{8}\times\dfrac{5}{9}=\dfrac{5}{24}$

(2) $P(\overline{A})=\dfrac{5}{8}$, $P_{\overline{A}}(B)=\dfrac{6}{9}$ より, $P(\overline{A}\cap B)=P(\overline{A})P_{\overline{A}}(B)=\dfrac{5}{8}\times\dfrac{6}{9}=\dfrac{10}{24}$

ゆえに，求める確率は $P(B)=\dfrac{5}{24}+\dfrac{10}{24}=\dfrac{5}{8}$

34 (1) $\dfrac{1}{18}$ (2) $\dfrac{2}{9}$

解説 (1) 得点が1であるのは，1回目に投げたさいころの目が1または2で，2回目に投げたさいころの目が1の場合である。

ゆえに，求める確率は $\dfrac{1}{3}\times\dfrac{1}{6}=\dfrac{1}{18}$

(2) 得点が3であるのは，次の2通りの場合である。
① 1回目に投げたさいころの目が3である。
② 1回目に投げたさいころの目が1または2で，2回目に投げたさいころの目が3である。

ゆえに，求める確率は $\dfrac{1}{6}+\dfrac{1}{3}\times\dfrac{1}{6}=\dfrac{2}{9}$

35 $\dfrac{67}{126}$

解説 袋 A から白球を取り出してそれを袋 B に入れると，袋 B の中は白球6個，赤球3個になる。また，袋 A から赤球を取り出してそれを袋 B に入れると，袋 B の中は白球5個，赤球4個になる。

ゆえに，求める確率は $\dfrac{3}{7}\times\dfrac{{}_6C_1\times{}_3C_1}{{}_9C_2}+\dfrac{4}{7}\times\dfrac{{}_5C_1\times{}_4C_1}{{}_9C_2}=\dfrac{67}{126}$

36 (1) $\dfrac{1}{80}$ (2) $\dfrac{3}{5}$

解説 取り出した1個が，工場 A の製品である事象を A とし，工場 B の製品である事象を B とする。また，製品が不良品である事象を E とする。

(1) $P(A)=\dfrac{1}{4}$, $P_A(E)=\dfrac{2}{100}$, $P(B)=\dfrac{3}{4}$, $P_B(E)=\dfrac{1}{100}$

$P(E)=P(A\cap E)+P(B\cap E)=P(A)P_A(E)+P(B)P_B(E)$

$=\dfrac{1}{4}\times\dfrac{2}{100}+\dfrac{3}{4}\times\dfrac{1}{100}=\dfrac{1}{80}$

(2) $P_E(B)=\dfrac{P(B\cap E)}{P(E)}=\left(\dfrac{3}{4}\times\dfrac{1}{100}\right)\div\dfrac{1}{80}=\dfrac{3}{5}$

37 (1) $\dfrac{11}{20}$ (2) $\dfrac{5}{11}$

解説 A さんが矢を射る事象を A とし，B さんが矢を射る事象を B とする。また，矢が的に当たる事象を H とする。

3章―確率　29

(1) $P(A) = \dfrac{1}{2}$, $P_A(H) = \dfrac{1}{2}$, $P(B) = \dfrac{1}{2}$, $P_B(H) = \dfrac{3}{5}$

$P(H) = P(A \cap H) + P(B \cap H) = P(A)P_A(H) + P(B)P_B(H) = \dfrac{1}{2} \times \dfrac{1}{2} + \dfrac{1}{2} \times \dfrac{3}{5} = \dfrac{11}{20}$

(2) $P_H(A) = \dfrac{P(A \cap H)}{P(H)} = \left(\dfrac{1}{2} \times \dfrac{1}{2}\right) \div \dfrac{11}{20} = \dfrac{5}{11}$

38 $\dfrac{3}{8}$

解説 袋A, Bから球を1個取り出す事象を，それぞれA, Bとする。
また，取り出した球が白球であるという事象をWとすると，
$P(A) = \dfrac{1}{3}$, $P(B) = \dfrac{2}{3}$, $P_A(W) = \dfrac{6}{10}$, $P_B(W) = \dfrac{5}{10}$ となる。
取り出した白球が袋A, Bからの球である事象は，それぞれ
$A \cap W$, $B \cap W$ で表され，それらの事象は互いに排反である。
$P(W) = P(A \cap W) + P(B \cap W) = P(A)P_A(W) + P(B)P_B(W)$
$= \dfrac{1}{3} \times \dfrac{6}{10} + \dfrac{2}{3} \times \dfrac{5}{10} = \dfrac{8}{15}$

ゆえに，求める確率は $P_W(A) = \dfrac{P(A \cap W)}{P(W)} = \left(\dfrac{1}{3} \times \dfrac{6}{10}\right) \div \dfrac{8}{15} = \dfrac{3}{8}$

39 $\dfrac{15}{23}$

解説 取り出した1個が機械A, B, Cの製品であるという事象を，それぞれA, B, Cとする。また，製品が不良品であるという事象をEとすると，
$P(A) = \dfrac{20}{100}$, $P(B) = \dfrac{30}{100}$, $P(C) = \dfrac{50}{100}$,
$P_A(E) = \dfrac{1}{100}$, $P_B(E) = \dfrac{2}{100}$, $P_C(E) = \dfrac{3}{100}$ となる。
不良品が機械A, B, Cの製品である事象は，それぞれ
$A \cap E$, $B \cap E$, $C \cap E$ で表され，それらの事象は互いに排反である。
$P(E) = P(A \cap E) + P(B \cap E) + P(C \cap E)$
$= P(A)P_A(E) + P(B)P_B(E) + P(C)P_C(E)$
$= \dfrac{20}{100} \times \dfrac{1}{100} + \dfrac{30}{100} \times \dfrac{2}{100} + \dfrac{50}{100} \times \dfrac{3}{100} = \dfrac{23}{1000}$

ゆえに，求める確率は $P_E(C) = \dfrac{P(C \cap E)}{P(E)} = \left(\dfrac{50}{100} \times \dfrac{3}{100}\right) \div \dfrac{23}{1000} = \dfrac{15}{23}$

問2 (1)

X	0	1	2	3	4	計
P	$\dfrac{1}{16}$	$\dfrac{4}{16}$	$\dfrac{6}{16}$	$\dfrac{4}{16}$	$\dfrac{1}{16}$	1

(2)

X	0	1	2	3	計
P	$\dfrac{125}{216}$	$\dfrac{75}{216}$	$\dfrac{15}{216}$	$\dfrac{1}{216}$	1

40

X	3	4	5	6	7	計
P	$\frac{1}{6}$	$\frac{1}{6}$	$\frac{2}{6}$	$\frac{1}{6}$	$\frac{1}{6}$	1

解説 2枚のカードを引く場合の数は $_4C_2=6$（通り）であり，X のとり得る値は，3，4，5，6，7 である。

41

X	2	3	4	5	6	7	8	計
P	$\frac{1}{16}$	$\frac{2}{16}$	$\frac{3}{16}$	$\frac{4}{16}$	$\frac{3}{16}$	$\frac{2}{16}$	$\frac{1}{16}$	1

解説 正四面体の2個のさいころの目の出方は $4^2=16$（通り）あり，X のとり得る値は，2，3，4，5，6，7，8 である。

42

X	2	3	4	6	9	計
P	$\frac{2}{15}$	$\frac{3}{15}$	$\frac{1}{15}$	$\frac{6}{15}$	$\frac{3}{15}$	1

解説 2枚のカードを引く場合の数は $_6C_2=15$（通り）であり，X のとり得る値は，2，3，4，6，9 である。

43 $\dfrac{3}{2}$

解説 $E(X)=0\times\dfrac{1}{8}+1\times\dfrac{3}{8}+2\times\dfrac{3}{8}+3\times\dfrac{1}{8}=\dfrac{3}{2}$

44 $\dfrac{4}{3}$

解説 $E(X)=0\times\dfrac{3}{15}+1\times\dfrac{6}{15}+2\times\dfrac{4}{15}+3\times\dfrac{2}{15}=\dfrac{4}{3}$

45 $\dfrac{22}{7}$

解説 X のとり得る値は，2，3，4，5 である。

$P(X=2)=\dfrac{_4C_2}{_7C_2}=\dfrac{6}{21}$ $P(X=3)=\dfrac{_4C_1\times_2C_1}{_7C_2}=\dfrac{8}{21}$

$P(X=4)=\dfrac{_4C_1\times_1C_1+_2C_2}{_7C_2}=\dfrac{5}{21}$

$P(X=5)=\dfrac{_2C_1\times_1C_1}{_7C_2}=\dfrac{2}{21}$

X	2	3	4	5	計
P	$\frac{6}{21}$	$\frac{8}{21}$	$\frac{5}{21}$	$\frac{2}{21}$	1

ゆえに，求める期待値は $E(X)=2\times\dfrac{6}{21}+3\times\dfrac{8}{21}+4\times\dfrac{5}{21}+5\times\dfrac{2}{21}=\dfrac{22}{7}$

46 $\dfrac{9}{4}$

解説 X のとり得る値は，0，1，3，5，9，15，25 である。
X の確率分布は，次の表のようになる。

X	0	1	3	5	9	15	25	計
P	$\dfrac{27}{36}$	$\dfrac{1}{36}$	$\dfrac{2}{36}$	$\dfrac{2}{36}$	$\dfrac{1}{36}$	$\dfrac{2}{36}$	$\dfrac{1}{36}$	1

ゆえに，求める期待値は

$E(X)=0\times\dfrac{27}{36}+1\times\dfrac{1}{36}+3\times\dfrac{2}{36}+5\times\dfrac{2}{36}+9\times\dfrac{1}{36}+15\times\dfrac{2}{36}+25\times\dfrac{1}{36}=\dfrac{9}{4}$

47 確率 p で出る目が 2 つあり，確率 q で出る目が 4 つあるので，

$2p+4q=1$ より，$p+2q=\dfrac{1}{2}$ ……①

確率変数 X の期待値は，

$E(X)=1p+6p+2q+3q+4q+5q=7p+14q=7(p+2q)$

よって，①より，$E(X)=7\times\dfrac{1}{2}=\dfrac{7}{2}$ となる。

ゆえに，p, q の値によらず，X の期待値は $\dfrac{7}{2}$ となり一定である。

48 (1) 1 (2) 1

解説 (1) A さんが引くはずれくじの本数を X とする。

$P(X=0)=\dfrac{2}{5}$ $P(X=1)=\dfrac{3}{5}\times\dfrac{2}{4}=\dfrac{3}{10}$

$P(X=2)=\dfrac{3}{5}\times\dfrac{2}{4}\times\dfrac{2}{3}=\dfrac{1}{5}$ $P(X=3)=\dfrac{3}{5}\times\dfrac{2}{4}\times\dfrac{1}{3}\times\dfrac{2}{2}=\dfrac{1}{10}$

ゆえに，求める期待値は $E(X)=0\times\dfrac{2}{5}+1\times\dfrac{3}{10}+2\times\dfrac{1}{5}+3\times\dfrac{1}{10}=1$（本）

(2) A さんが引くはずれくじの本数を X とし，B さんが引くはずれくじの本数を Y とする。

$P(Y=0)=P(X=0)\times\dfrac{1}{4}+P(X=1)\times\dfrac{1}{3}+P(X=2)\times\dfrac{1}{2}+P(X=3)\times\dfrac{1}{1}$

$=\dfrac{2}{5}\times\dfrac{1}{4}+\dfrac{3}{10}\times\dfrac{1}{3}+\dfrac{1}{5}\times\dfrac{1}{2}+\dfrac{1}{10}\times\dfrac{1}{1}=\dfrac{2}{5}$

$P(Y=1)=P(X=0)\times\dfrac{3}{4}\times\dfrac{1}{3}+P(X=1)\times\dfrac{2}{3}\times\dfrac{1}{2}+P(X=2)\times\dfrac{1}{2}\times\dfrac{1}{1}$

$=\dfrac{2}{5}\times\dfrac{3}{4}\times\dfrac{1}{3}+\dfrac{3}{10}\times\dfrac{2}{3}\times\dfrac{1}{2}+\dfrac{1}{5}\times\dfrac{1}{2}\times\dfrac{1}{1}=\dfrac{3}{10}$

同様にして，

$P(Y=2)=P(X=0)\times\dfrac{3}{4}\times\dfrac{2}{3}\times\dfrac{1}{2}+P(X=1)\times\dfrac{2}{3}\times\dfrac{1}{2}\times\dfrac{1}{1}=\dfrac{1}{5}$

$P(Y=3)=P(X=0)\times\dfrac{3}{4}\times\dfrac{2}{3}\times\dfrac{1}{2}\times\dfrac{1}{1}=\dfrac{1}{10}$

ゆえに，求める期待値は $E(Y)=0\times\dfrac{2}{5}+1\times\dfrac{3}{10}+2\times\dfrac{1}{5}+3\times\dfrac{1}{10}=1$（本）

49 (1) $\dfrac{8}{125}$ (2) $\dfrac{54}{125}$ (3) $\dfrac{9}{5}$

解説 (1) $P(X=0)={}_3C_0\left(\dfrac{2}{5}\right)^3=\dfrac{8}{125}$

(2) $P(X=2) = {}_3C_2 \left(\dfrac{3}{5}\right)^2 \left(\dfrac{2}{5}\right) = \dfrac{54}{125}$

(3) X のとり得る値は，0, 1, 2, 3 である。
X の確率分布は，次の表のようになる。

X	0	1	2	3	計
P	$\dfrac{8}{125}$	$\dfrac{36}{125}$	$\dfrac{54}{125}$	$\dfrac{27}{125}$	1

ゆえに，求める期待値は $E(X) = 0 \times \dfrac{8}{125} + 1 \times \dfrac{36}{125} + 2 \times \dfrac{54}{125} + 3 \times \dfrac{27}{125} = \dfrac{9}{5}$

50 (1) $\dfrac{19}{216}$ (2) $\dfrac{119}{24}$

解説 (1) $X=3$ となる確率は，「3回の目がすべて3以下である」確率から「3回の目がすべて2以下である」確率を引けばよい。

ゆえに，求める確率は $\left(\dfrac{3}{6}\right)^3 - \left(\dfrac{2}{6}\right)^3 = \dfrac{19}{216}$

(2) X の確率分布は，次の表のようになる。

X	1	2	3	4	5	6	計
P	$\dfrac{1}{216}$	$\dfrac{7}{216}$	$\dfrac{19}{216}$	$\dfrac{37}{216}$	$\dfrac{61}{216}$	$\dfrac{91}{216}$	1

ゆえに，求める期待値は
$E(X) = 1 \times \dfrac{1}{216} + 2 \times \dfrac{7}{216} + 3 \times \dfrac{19}{216} + 4 \times \dfrac{37}{216} + 5 \times \dfrac{61}{216} + 6 \times \dfrac{91}{216} = \dfrac{119}{24}$

51 11

解説 X の確率分布は，次の表のようになる。

X	0	1	2	3	4	計
P	$\dfrac{1}{16}$	$\dfrac{4}{16}$	$\dfrac{6}{16}$	$\dfrac{4}{16}$	$\dfrac{1}{16}$	1

$E(X) = 0 \times \dfrac{1}{16} + 1 \times \dfrac{4}{16} + 2 \times \dfrac{6}{16} + 3 \times \dfrac{4}{16} + 4 \times \dfrac{1}{16} = 2$

ゆえに，求める期待値は $E(3X+5) = 3E(X) + 5 = 11$

52 22

解説 X は，1個のさいころを投げて出た目の数であるから，$E(X) = \dfrac{7}{2}$ である。

$E(12X - 20) = 12E(X) - 20 = 12 \times \dfrac{7}{2} - 20 = 22$

53 7

解説 2個のさいころの出た目の数を，それぞれ X, Y とする。
求める期待値は $E(X+Y) = E(X) + E(Y) = \dfrac{7}{2} + \dfrac{7}{2} = 7$

54 12

解説 X, Y の確率分布は，それぞれ次の表のようになる。

X	1	2	3	計
P	$\frac{1}{6}$	$\frac{2}{6}$	$\frac{3}{6}$	1

Y	1	2	3	4	計
P	$\frac{1}{4}$	$\frac{1}{4}$	$\frac{1}{4}$	$\frac{1}{4}$	1

$E(X)=\dfrac{7}{3}$, $E(Y)=\dfrac{5}{2}$

ゆえに，求める期待値は $E(3X+2Y)=3E(X)+2E(Y)=7+5=12$

55 3

解説 1回目で入る点を X，2回目で入る点を Y，3回目で入る点を Z とする。

$E(X)=E(Y)=E(Z)=3\times\dfrac{1}{2}+(-1)\times\dfrac{1}{2}=1$

ゆえに，求める期待値は $E(X+Y+Z)=E(X)+E(Y)+E(Z)=3$

56 1週間に1500円のこづかいをもらう方が有利である。

解説 さいころを1回投げてもらえる金額を X 円とすると，X の確率分布は，次の表のようになる。

X	60	120	180	240	300	360	計
P	$\frac{1}{6}$	$\frac{1}{6}$	$\frac{1}{6}$	$\frac{1}{6}$	$\frac{1}{6}$	$\frac{1}{6}$	1

$E(X)=60\times\dfrac{1}{6}+120\times\dfrac{1}{6}+180\times\dfrac{1}{6}+240\times\dfrac{1}{6}+300\times\dfrac{1}{6}+360\times\dfrac{1}{6}=210$

よって，1週間で $210\times 7=1470$（円）もらえる。

57 ①の方が有利である。

解説 番号札は全部で21枚ある。
番号札を1枚引いたとき，①でもらえる金額を X 円，②でもらえる金額を Y 円とする。
X の確率分布は，次の表のようになる。

X	100	200	300	400	500	600	計
P	$\frac{1}{21}$	$\frac{2}{21}$	$\frac{3}{21}$	$\frac{4}{21}$	$\frac{5}{21}$	$\frac{6}{21}$	1

$E(X)=100\times\dfrac{1}{21}+200\times\dfrac{2}{21}+300\times\dfrac{3}{21}+400\times\dfrac{4}{21}+500\times\dfrac{5}{21}+600\times\dfrac{6}{21}=\dfrac{1300}{3}$
$=433.3\cdots$（円）

Y の確率分布は，次の表のようになる。

Y	0	700	計
P	$\frac{9}{21}$	$\frac{12}{21}$	1

$E(Y)=0\times\dfrac{9}{21}+700\times\dfrac{12}{21}=400$（円）

58 450 円未満

解説 10 本から 3 本を引く場合の数は，$_{10}C_3=120$（通り）である。
このゲームを 1 回するとき，もらえる金額を X 円とする。
X の確率分布は，次の表のようになる。

X	0	500	1000	1500	計
P	$\frac{35}{120}$	$\frac{63}{120}$	$\frac{21}{120}$	$\frac{1}{120}$	1

$$E(X)=0\times\frac{35}{120}+500\times\frac{63}{120}+1000\times\frac{21}{120}+1500\times\frac{1}{120}=450\text{（円）}$$

59 「1 回投げて 3 以下の目が出たら 2 回目を投げる」方が有利である。

解説 「1 回投げて 2 以下の目が出たら 2 回目を投げる」場合の得点 X の期待値を求める。

$X=1$ となるのは，1 回目は 1，2 の目のどちらかが出て，2 回目に 1 の目が出る場合であるから，その確率は $\frac{2}{6}\times\frac{1}{6}=\frac{2}{36}$

$X=2$ のときも同様に $\frac{2}{36}$

$X=3$ となるのは，1 回目で 3 の目が出るか，1 回目は 1，2 の目のどちらかが出て，2 回目で 3 の目が出る場合であるから，その確率は $\frac{1}{6}+\frac{2}{6}\times\frac{1}{6}=\frac{8}{36}$

$X=4$，5，6 のときも同様に $\frac{8}{36}$

よって，$E(X)=(1+2)\times\frac{2}{36}+(3+4+5+6)\times\frac{8}{36}=\frac{150}{36}$

つぎに「1 回投げて 3 以下の目が出たら 2 回目を投げる」場合の得点 Y の期待値を求める。

$Y=1$ となるのは，1 回目は 1，2，3 の目のいずれかが出て，2 回目に 1 の目が出る場合であるから，その確率は $\frac{3}{6}\times\frac{1}{6}=\frac{3}{36}$

$Y=2$，3 のときも同様に $\frac{3}{36}$

$Y=4$ となるのは，1 回目で 4 の目が出るか，1 回目は 1，2，3 の目のいずれかが出て，2 回目で 4 の目が出る場合であるから，その確率は $\frac{1}{6}+\frac{3}{6}\times\frac{1}{6}=\frac{9}{36}$

$Y=5$，6 のときも同様に $\frac{9}{36}$

よって，$E(Y)=(1+2+3)\times\frac{3}{36}+(4+5+6)\times\frac{9}{36}=\frac{153}{36}$

ゆえに，$E(Y)>E(X)$ より，「1 回投げて 3 以下の目が出たら 2 回目を投げる」方が有利である。

1 (1) $\frac{1}{12}$ (2) $\frac{1}{12}$ (3) $\frac{17}{24}$

解説 10枚から3枚を引く場合の数は $_{10}C_3=120$（通り）である。
(1) 3枚のうち，1枚が6であり，残りの2枚が5以下であればよいから，その場合の数は $_5C_2$ 通りである。
ゆえに，求める確率は $\dfrac{_5C_2}{120}=\dfrac{1}{12}$
(2) 和が15になる組合せは，$\{1, 4, 10\}$，$\{1, 5, 9\}$，$\{1, 6, 8\}$，$\{2, 3, 10\}$，$\{2, 4, 9\}$，$\{2, 5, 8\}$，$\{2, 6, 7\}$，$\{3, 4, 8\}$，$\{3, 5, 7\}$，$\{4, 5, 6\}$ の10通りである。
ゆえに，求める確率は $\dfrac{10}{120}=\dfrac{1}{12}$
(3) 積が3の倍数にはならない場合の数は $_7C_3$ 通りである。
ゆえに，求める確率は $1-\dfrac{_7C_3}{120}=\dfrac{17}{24}$

2 (1) $\dfrac{5}{12}$　(2) $\dfrac{5}{9}$

解説 3個のさいころの目の出方は $6^3=216$（通り）ある。
(1) 同じ目が2つある組合せは $6\times 5=30$（通り）あるから，3個のさいころの目の出方は $30\times 3=90$（通り）ある。
ゆえに，求める確率は $\dfrac{90}{216}=\dfrac{5}{12}$
(2) 3つの目の組合せは $_6C_3$ 通りあるから，3個のさいころの目の出方は $_6C_3\times 3!=120$（通り）ある。
ゆえに，求める確率は $\dfrac{120}{216}=\dfrac{5}{9}$
別解 (2) 3つとも同じ目である場合の数は6通りである。
ゆえに，(1)より，求める確率は $1-\left(\dfrac{6}{216}+\dfrac{90}{216}\right)=\dfrac{5}{9}$

3 (1) $\dfrac{1}{10}$　(2) $\dfrac{21}{40}$

解説 (1) $\dfrac{1}{4}\times\dfrac{4}{5}\times\dfrac{1}{2}=\dfrac{1}{10}$
(2) 2人が合格する確率は
$\left(1-\dfrac{1}{4}\right)\times\dfrac{4}{5}\times\dfrac{1}{2}+\dfrac{1}{4}\times\left(1-\dfrac{4}{5}\right)\times\dfrac{1}{2}+\dfrac{1}{4}\times\dfrac{4}{5}\times\left(1-\dfrac{1}{2}\right)=\dfrac{17}{40}$
ゆえに，(1)より，求める確率は $\dfrac{17}{40}+\dfrac{1}{10}=\dfrac{21}{40}$

4 (1) ① $\dfrac{3}{16}$　② $\dfrac{9}{16}$　(2) ① $\dfrac{35}{1296}$　② $\dfrac{1225}{1296}$

解説 (1) さいころを2回投げて，2回とも偶数である確率は $\left(\dfrac{3}{6}\right)^2=\dfrac{1}{4}$ である。
① Bが勝つ確率は $\left(1-\dfrac{1}{4}\right)\times\dfrac{1}{4}=\dfrac{3}{16}$
② 勝負がつかない確率は $\left(1-\dfrac{1}{4}\right)^2=\dfrac{9}{16}$

(2) さいころを2回投げて，2回とも1の目が出る確率は $\left(\dfrac{1}{6}\right)^2=\dfrac{1}{36}$ である。

① Bが勝つ確率は $\left(1-\dfrac{1}{36}\right)\times\dfrac{1}{36}=\dfrac{35}{1296}$

② 勝負がつかない確率は $\left(1-\dfrac{1}{36}\right)^2=\dfrac{1225}{1296}$

5 (1) 15400 通り (2) $\dfrac{1}{55}$ (3) $\dfrac{27}{55}$

[解説] (1) $\dfrac{{}_{12}C_3\times{}_9C_3\times{}_6C_3}{4!}=15400$

(2) A，B，Cの3人が同じグループになる分け方は，$\dfrac{{}_9C_3\times{}_6C_3}{3!}=280$（通り）

ゆえに，求める確率は $\dfrac{280}{15400}=\dfrac{1}{55}$

(3) A，B，Cの3人が異なるグループに分かれる分け方は，${}_9C_2\times{}_7C_2\times{}_5C_2=7560$（通り）

ゆえに，求める確率は $\dfrac{7560}{15400}=\dfrac{27}{55}$

6 (1) $\dfrac{9}{55}$ (2) $\dfrac{14}{55}$ (3) $\dfrac{21}{55}$

[解説] みかんの配り方は ${}_4H_9={}_{12}C_9={}_{12}C_3=220$（通り）ある。

(1) はじめにAに2個を配り，つぎに残りの7個をA以外の3人に配ればよいから，配り方は ${}_3H_7={}_9C_7={}_9C_2=36$（通り）

ゆえに，求める確率は $\dfrac{36}{220}=\dfrac{9}{55}$

(2) はじめに4人にみかんを1個ずつ配り，つぎに残りの5個を4人に配ればよいから，配り方は ${}_4H_5={}_8C_5={}_8C_3=56$（通り）

ゆえに，求める確率は $\dfrac{56}{220}=\dfrac{14}{55}$

(3) Aが1個ももらえない配り方は，${}_3H_9={}_{11}C_9={}_{11}C_2=55$（通り）
Aが1個だけもらえる配り方は，${}_3H_8={}_{10}C_8={}_{10}C_2=45$（通り）

ゆえに，(1)より，求める確率は $1-\left(\dfrac{55}{220}+\dfrac{45}{220}+\dfrac{36}{220}\right)=\dfrac{21}{55}$

7 (1) $\dfrac{20}{243}$ (2) $\dfrac{64}{729}$

[解説] 1回の試行で白球が出る確率は $\dfrac{1}{3}$ であり，赤球が出る確率は $\dfrac{2}{3}$ である。

(1) ${}_6C_4\left(\dfrac{1}{3}\right)^4\left(\dfrac{2}{3}\right)^2=\dfrac{20}{243}$

(2) ${}_4C_1\left(\dfrac{1}{3}\right)\left(\dfrac{2}{3}\right)^3\times\dfrac{1}{3}\times\dfrac{2}{3}=\dfrac{64}{729}$

8 (1) $\dfrac{2}{9}$ (2) $\dfrac{10}{27}$

解説 さいころを1回投げるとき，2以下の目が出る確率は $\dfrac{1}{3}$ であり，3以上の目が出る確率は $\dfrac{2}{3}$ である。

(1) さいころを3回投げて2以下の目が r 回出たときの，点 P の数直線上の座標は $r+(-2)(3-r)=3r-6$ である。
$3r-6=0$ より，$r=2$
ゆえに，求める確率は ${}_3C_2\left(\dfrac{1}{3}\right)^2\left(\dfrac{2}{3}\right)=\dfrac{2}{9}$

(2) さいころを5回投げて2以下の目が r 回出たときの，点 P の数直線上の座標は $r+(-2)(5-r)=3r-10$ である。
点 P の座標が -4 のときは，$3r-10=-4$ より，$r=2$
点 P の座標が 2 のときは，$3r-10=2$ より，$r=4$
ゆえに，求める確率は ${}_5C_2\left(\dfrac{1}{3}\right)^2\left(\dfrac{2}{3}\right)^3+{}_5C_4\left(\dfrac{1}{3}\right)^4\left(\dfrac{2}{3}\right)=\dfrac{10}{27}$

9 (1) $\dfrac{1}{10}$ (2) $\dfrac{1}{15}$ (3) $\dfrac{1}{2}$ (4) $\dfrac{11}{3}$

解説 (1) $\dfrac{9}{10}\times\dfrac{1}{9}=\dfrac{1}{10}$

(2) $P(X=7)=\dfrac{6}{10}\times\dfrac{1}{9}=\dfrac{1}{15}$

(3) $X=0$ でない確率は，
$\dfrac{1}{10}\times\dfrac{1}{9}+\dfrac{2}{10}\times\dfrac{1}{9}+\dfrac{3}{10}\times\dfrac{1}{9}+\dfrac{4}{10}\times\dfrac{1}{9}+\dfrac{5}{10}\times\dfrac{1}{9}+\dfrac{6}{10}\times\dfrac{1}{9}+\dfrac{7}{10}\times\dfrac{1}{9}$
$+\dfrac{8}{10}\times\dfrac{1}{9}+\dfrac{9}{10}\times\dfrac{1}{9}=\dfrac{45}{10}\times\dfrac{1}{9}=\dfrac{1}{2}$

ゆえに，求める確率は $P(X=0)=1-\dfrac{1}{2}=\dfrac{1}{2}$

(4) X の確率分布は，次の表のようになる。

X	0	2	3	4	5	6	7	8	9	10	計
P	$\dfrac{1}{2}$	$\dfrac{1}{90}$	$\dfrac{2}{90}$	$\dfrac{3}{90}$	$\dfrac{4}{90}$	$\dfrac{5}{90}$	$\dfrac{6}{90}$	$\dfrac{7}{90}$	$\dfrac{8}{90}$	$\dfrac{9}{90}$	1

ゆえに，求める期待値は $E(X)=0\times\dfrac{1}{2}+2\times\dfrac{1}{90}+3\times\dfrac{2}{90}+4\times\dfrac{3}{90}+5\times\dfrac{4}{90}$
$+6\times\dfrac{5}{90}+7\times\dfrac{6}{90}+8\times\dfrac{7}{90}+9\times\dfrac{8}{90}+10\times\dfrac{9}{90}=\dfrac{11}{3}$

10 (1) $\dfrac{4}{9}$ (2) $\dfrac{6}{5}$

[解説] 10 枚から 2 枚を引く場合の数は ${}_{10}C_2=45$（通り）である。
(1) $X=1$ となる場合の数は，${}_1C_1\times{}_2C_1+{}_2C_1\times{}_3C_1+{}_3C_1\times{}_4C_1=20$（通り）
ゆえに，求める確率は　$P(X=1)=\dfrac{20}{45}=\dfrac{4}{9}$
(2) $P(X=2)=\dfrac{{}_1C_1\times{}_3C_1+{}_2C_1\times{}_4C_1}{45}=\dfrac{11}{45}$，$P(X=3)=\dfrac{{}_1C_1\times{}_4C_1}{45}=\dfrac{4}{45}$
X の確率分布は，次の表のようになる。

X	0	1	2	3	計
P	$\dfrac{10}{45}$	$\dfrac{20}{45}$	$\dfrac{11}{45}$	$\dfrac{4}{45}$	1

ゆえに，求める期待値は　$E(X)=0\times\dfrac{10}{45}+1\times\dfrac{20}{45}+2\times\dfrac{11}{45}+3\times\dfrac{4}{45}=\dfrac{6}{5}$

11 (1) $\dfrac{648}{3125}$ (2) $\dfrac{1053}{3125}$ (3) $\dfrac{49}{25}$

[解説] (1) 4 試合目までに A チームが 3 勝し，5 試合目に A チームが勝つ。
ゆえに，求める確率は　${}_4C_3\left(\dfrac{3}{5}\right)^3\left(\dfrac{2}{5}\right)\times\dfrac{3}{5}=\dfrac{648}{3125}$
(2) A チームが最初の 2 試合を負けても優勝するためには，その後は，4 連勝するか 4 勝 1 敗でなければならない。
ゆえに，求める確率は　$\left(\dfrac{3}{5}\right)^4+\dfrac{648}{3125}=\dfrac{1053}{3125}$
(3) どちらかのチームが優勝するまでの残りの試合数を X とすると，
$X=1$ となるのは，B チームが勝つ場合であるから，$P(X=1)=\dfrac{2}{5}$
$X=2$ となるのは，最初は A チームが勝ち，次は B チームが勝つ場合であるから，
$P(X=2)=\dfrac{3}{5}\times\dfrac{2}{5}=\dfrac{6}{25}$
$X=3$ となるのは，最初に A チームが 2 連勝して，次は B チームが勝つ場合であるか，または A チームが 3 連勝する場合であるから，
$P(X=3)=\left(\dfrac{3}{5}\right)^2\times\dfrac{2}{5}+\left(\dfrac{3}{5}\right)^3=\dfrac{9}{25}$
ゆえに，求める期待値は　$E(X)=1\times\dfrac{2}{5}+2\times\dfrac{6}{25}+3\times\dfrac{9}{25}=\dfrac{49}{25}$

12 (1) $\dfrac{3}{16}$ (2) $\dfrac{5}{32}$ (3) $\dfrac{1925}{16}$ 円

[解説] (1) ${}_3C_2\left(\dfrac{1}{2}\right)^2\left(\dfrac{1}{2}\right)\times{}_2C_1\left(\dfrac{1}{2}\right)\left(\dfrac{1}{2}\right)=\dfrac{3}{16}$
(2) 250 円もらえるのは，「50 円硬貨 1 枚と 100 円硬貨 2 枚が表になるとき」と「50 円硬貨 3 枚と 100 円硬貨 1 枚が表になるとき」の 2 通りの場合がある。
ゆえに，求める確率は　${}_3C_1\left(\dfrac{1}{2}\right)\left(\dfrac{1}{2}\right)^2\times\left(\dfrac{1}{2}\right)^2+\left(\dfrac{1}{2}\right)^3\times{}_2C_1\left(\dfrac{1}{2}\right)\left(\dfrac{1}{2}\right)=\dfrac{5}{32}$

(3) 表が出た 50 円硬貨の枚数を x とし，表が出た 100 円硬貨の枚数を y とすると，
$x+y \geqq 3$

$x=3$, $y=0$ のとき，150 円もらえて，確率は $\left(\dfrac{1}{2}\right)^3 \times \left(\dfrac{1}{2}\right)^2 = \dfrac{1}{32}$

$x=2$, $y=1$ のとき，200 円もらえて，確率は(1)より $\dfrac{6}{32}$

$x=1$, $y=2$ と，$x=3$, $y=1$ のとき，250 円もらえて，確率は(2)より $\dfrac{5}{32}$

$x=2$, $y=2$ のとき，300 円もらえて，確率は ${}_3C_2 \left(\dfrac{1}{2}\right)^2 \left(\dfrac{1}{2}\right) \times \left(\dfrac{1}{2}\right)^2 = \dfrac{3}{32}$

$x=3$, $y=2$ のとき，350 円もらえて，確率は $\left(\dfrac{1}{2}\right)^3 \times \left(\dfrac{1}{2}\right)^2 = \dfrac{1}{32}$

ゆえに，求める期待値は
$150 \times \dfrac{1}{32} + 200 \times \dfrac{6}{32} + 250 \times \dfrac{5}{32} + 300 \times \dfrac{3}{32} + 350 \times \dfrac{1}{32} = \dfrac{1925}{16}$ （円）

13 $\dfrac{28}{103}$

[解説] 箱 A，B，C から球を 1 個取り出す事象をそれぞれ A，B，C とする。また，取り出した球が赤球である事象を R とすると，
$P(A) = \dfrac{1}{3}$, $P(B) = \dfrac{1}{3}$, $P(C) = \dfrac{1}{3}$,
$P_A(R) = \dfrac{2}{5}$, $P_B(R) = \dfrac{3}{6}$, $P_C(R) = \dfrac{4}{7}$ となる。

取り出した赤球が箱 A，B，C からの球である事象は，それぞれ
$A \cap R$，$B \cap R$，$C \cap R$ で表され，それらの事象は互いに排反である。
$P(R) = P(A \cap R) + P(B \cap R) + P(C \cap R)$
$= P(A)P_A(R) + P(B)P_B(R) + P(C)P_C(R)$
$= \dfrac{1}{3} \times \dfrac{2}{5} + \dfrac{1}{3} \times \dfrac{3}{6} + \dfrac{1}{3} \times \dfrac{4}{7} = \dfrac{103}{210}$

ゆえに，求める確率は $P_R(A) = \dfrac{P(A \cap R)}{P(R)} = \left(\dfrac{1}{3} \times \dfrac{2}{5}\right) \div \dfrac{103}{210} = \dfrac{28}{103}$